JN102070

はじめに

暦は、自然科学の中で最も早く発展した。季節ごとに移動する獲物を確実に追うためにも、種まきや収穫に適切な季節を知るためにも、天体の動きを正確に知ることが必要だったからだ。

太古の時代から経験的に積み重ねられたその知恵は、やがて支配者階級のものとなっていった。紀元前2000年以前、エジプトではすでに太陽暦が、メソポタミアでは太陰暦が使われていたが、占星術や宗教と結びつき、人々を支配することで社会構造の効率化が進められた。

それから1000年以上が経ち、古代ギリシャでは、数学の一分野として天文学が発展した。紀元前350年頃には天体の位置を座標で表した天体図も作成していたし、紀元前280年頃にはアリスタルコスが地球中心説（地動説）を唱えたことはよく知られている。しかし、それが主流になることはなかった。その後、約1800年間にわたって天動説が支持され、天文学の発展は停滞した。

そこに転機をもたらしたのは、1608年の屈折望遠鏡の発明だった。翌年には、ガリレオ・ガリレイが望遠鏡を自作して、月面の凹凸や天の川が星の集まりであることや金星の満ち欠けがあることなどを発見し、従来の宇宙観を一転させた。

望遠鏡には数々の改良が重ねられ、より遠くの天体の観測が可能となった。その結果、人類の宇宙に関する知識は急激に増加し、ついに天文学は現代科学の仲間入りを果たすこととなった。

さらに100年ほど前から、その発展は劇的に加速している。1932年に電波望遠鏡の原型がつくられ、電波天文学などの新たな研究分野が切り開かれた。同時に、飛躍的に発展してきた理論物理学と結びついて天体物理学という新たな分野が確立された。またロケット工学の発達で、人類は自ら宇宙に進出したし、探査機を太陽系外に送り出せるまでになった。その背景にコンピュータの飛躍的な進歩があったことは言うまでもない。

今や、天文学の世界では、日進月歩のスピードで新たな事実が発見され、多くの謎が解明されつつある。しかし、その一方で新たな謎が次々と浮かび上がっている。

本書は、国立天文台（NAOJ）やアメリカ航空宇宙局（NASA）などが発表した新しい情報を中心に、「天文学の最前線」を紹介することを目指して構成したものだが、新たな謎を解くのは、本書を読んで天文学に興味を持ったあなたかもしれない。

2020年5月1日

竹内薫　サイエンス作家

国立天文台　野辺山宇宙電波観測所　©国立天文台

INDEX

Chapter 4 進む太陽系探査 108

TOPICS 目覚ましい進歩を続ける天文学の世界

私たち人類は、太古の昔から宇宙に関心を向けてきた。紀元前25世紀ごろのメソポタミアや、紀元前20世紀ごろの古代バビロニアではすでに暦を使っていたし、古代エジプトや古代ギリシャ、古代中国、古代インド、さらには南米のマヤ文明なども高度な天文学を発達させていた。

この宇宙はどうやってつくられたのか、我々はどうやって誕生してきたのか……それは人類にとって永遠のテーマである。その謎(なぞ)を追い求め続けているのは、自らの存在意義を求める本能によるものなのかもしれない。そして人類は、今この瞬間も最先端テクノロジーを駆使して宇宙の謎に挑み続けている。

▲宇宙探査を続けているアルマ望遠鏡　©国立天文台

人類はついにブラックホールの姿をとらえた

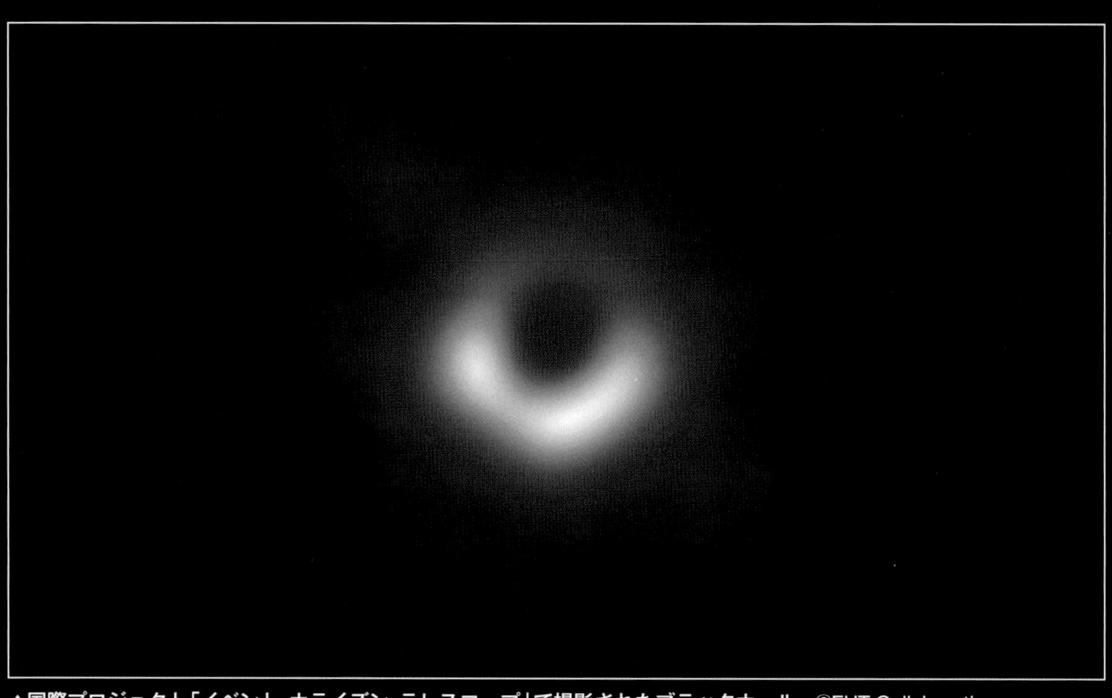

▲国際プロジェクト「イベント・ホライズン・テレスコープ」で撮影されたブラックホール　©EHT Collaboration

▲楕円銀河M87の可視光写真　©ESO
写真中央で光り輝いているのが楕円銀河M87。その中心に存在している巨大ブラックホールまでの地球からの距離は約5500万光年で、その質量は太陽の65億倍にも及ぶと考えられている

2019年4月10日、驚くべきニュースが世界を駆け巡った。この日、国際プロジェクト「イベント・ホライズン・テレスコープ」(Event Horizon Telescope：EHT)の研究チームが、世界6か国で同時に行った記者会見で「巨大ブラックホールとその影の存在を初めて画像で直接証明することに成功した」と発表した。

このブラックホールの撮影成功につながる観測が行われたのは2017年4月のことである。観測対象はおとめ座にある楕円(だえん)銀河M87の中央に存在する巨大なブラックホールだった。撮影されたブラックホールのリング状の明るい部分の大きさはおよそ42マイクロ秒角(満月の見かけの約2億分の1)で、月面に置いた野球のボールを地球から見たときの大きさに相当する。この解像度は、人間の視力の300万倍に相当する。

●地球規模の望遠鏡「イベント・ホライズン・テレスコープ」

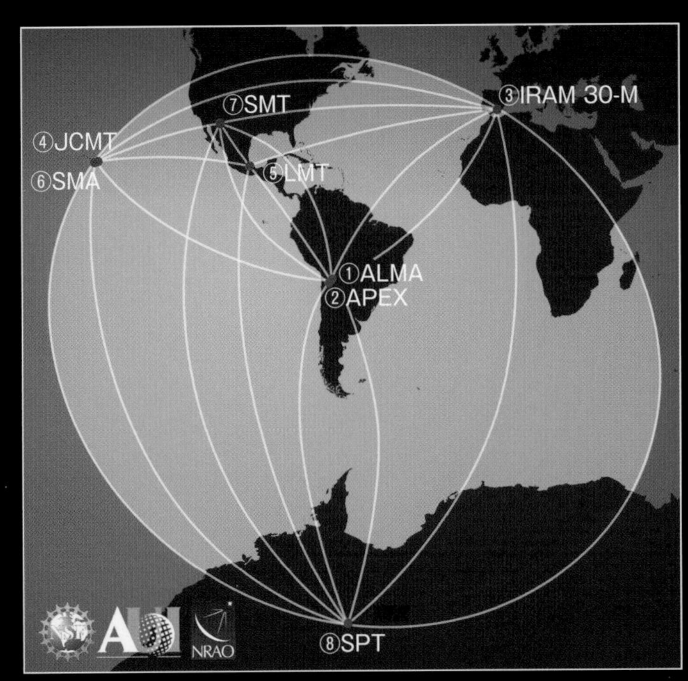

▲2017年観測時のEHT望遠鏡配置図　©NRAO/AUI/NSF

①アルマ望遠鏡
チリ・アタカマ砂漠

②アタカマ大型ミリ波サブミリ波干渉計
チリ・アタカマ砂漠

③ミリ波電波天文学研究所
30m 望遠鏡
スペイン・ピコベレタ

④ジェームズ・クラーク・マクスウェル望遠鏡
ハワイ・マウナケア

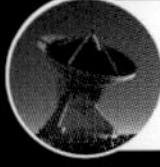
⑤大型ミリ波望遠鏡
メキシコ・シエラネグラ

⑥サブミリ波干渉計
ハワイ・マウナケア

⑦サブミリ波望遠鏡
アリゾナ・グラハム山

⑧南極点望遠鏡
南極点基地

イベント・ホライズン・テレスコープは、地球上に設置された8つの電波望遠鏡をつなぎ合わせ、仮想的な地球サイズ望遠鏡をつくり上げるという壮大なプロジェクトだった。

もちろん、各望遠鏡を物理的につなげたものではない。「超長基線電波干渉計」(Very Long Baseline Interferometry: VLBI)という手法が用いられた。

これは、遠く離れた複数の電波望遠鏡を極めて精密な原子時計によって正確に同期させ、それぞれで得られたデータを1か所に集約・解析することで、より高い分解能で天体の像を得るという方法である。

観測で得られたデータは、ドイツのマックスプランク電波天文学研究所とアメリカのマサチューセッツ工科大学ヘイスタック観測所に送られ、専用のスーパーコンピュータで処理された。

さらにそのデータをオリジナルのソフトウェアで画像化すると、光り輝く明るいリングとリングに囲まれた影の部分が浮かび上がってきた。

明るく輝いているリングは、ブラックホールに吸い込まれている超高温のプラズマガスが放つ電磁波だった。

ブラックホールに、ある一定距離以上近づいたものは、光も含めたすべてが強烈な重力によって吸い込まれてしまう。そのため真っ暗に見える。

このブラックホールの周囲にある光すら脱出できなくなるラインは「事象の地平線」(イベント・ホライゾン)と呼ばれる。

一方、その距離よりも遠い位置を通過する光は、ブラックホールの重力によって進行方向が曲げられ、ブラックホールの周囲を回り込むように進む。

そのため、本来は地球に届かないはずの光も地球に届くようになる。それがリング状に輝いて見えるのだ。

そして、リングに囲まれた影の部分はブラックホールシャドウと呼ばれる。

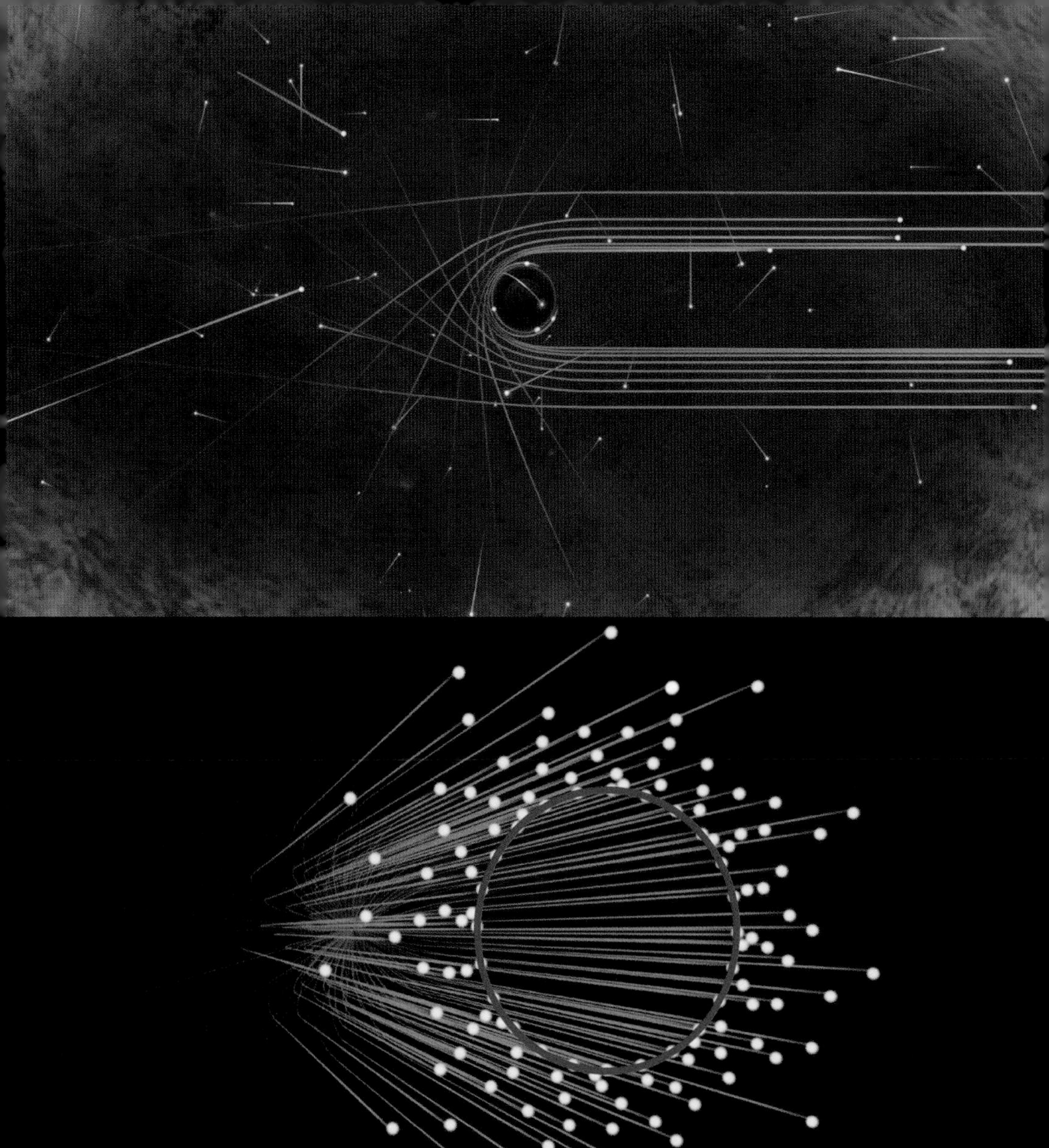

▲ブラックホールの周囲における光の軌跡　©Nicolle R. Fuller/NSF

上図は、ブラックホールの周囲の光の軌跡の模式図である。

前述したように、光がある距離より近いところまでブラックホールに近づくと、光はブラックホールの重力にとらえられ、ブラックホールを周回しながらやがてブラックホールに吸い込まれてしまう。

一方、その距離よりも遠い位置を通過する光は、進行方向が曲げられるため、本来は地球に届かない光も地球に届くようになる。

下図は、地球に向かってくる光の経路を斜めから見た図である。

内側のある一定範囲では光がやってこないことがわかる。

それを地球で観測すると真っ暗に見える。これがブラックホールシャドウの正体なのだ。

▲M87の中心にあると考えられているブラックホールの周辺のイメージ
©Jordy Davelaar et al./Radboud University/BlackHoleCam

多くの銀河の中心には、太陽の数百万倍から数十億倍の質量をもつ超大質量のブラックホールが存在しているらしいことがわかっているが、これらのブラックホールは超新星爆発によって誕生すると考えられている。

質量が太陽の30倍以上ある星が終焉期（しゅうえんき）を迎えて核融合の燃料となる物資を使い果たすと、それまで星を支えていた圧力が急激に下がり始めるとともに重力が勝（まさ）っていく。そして最終的に大爆発とともに内側に極限まで圧縮され、その中心部にブラックホールが形成されるのだ。

ところで、これまで発見されたブラックホールの多くが強力なジェット噴射をしていることが観測されている。これはブラックホールが強い重力で周囲の物質を吸い込む一方で、光速の99.99%もの速度で周囲に電離したガス（プラズマ）を噴出させている現象だと考えられている。しかし、イベント・ホライズン・テレスコープでは、そのジェットを画像としては確認できなかった。ジェットがブラックホールの強い重力を振り切りいかにして噴出されるのか、という長年の謎（なぞ）の解明は、今後の研究の大きなテーマとなっている。

TOPICS 2

世界トップの小惑星探査プロジェクト「はやぶさ1」「はやぶさ2」

はやぶさ2

▲地球をスイングバイする「はやぶさ2」(2015年12月3日16時30分時点)のイメージ(4次元デジタル宇宙ビューワー「Mitaka」より)
©2005　加藤恒彦，国立天文台4次元デジタル宇宙プロジェクト

現在、日本の小惑星探査技術は世界トップクラスにある。それを証明したのが小惑星探査機「はやぶさ1」(MUSES-C)だった。

はやぶさ1は、アポロ群小惑星㊟の「イトカワ」からのサンプルリターン㊟にみごと成功した。それに続いているのが「はやぶさ2」(MUSES-Cの後継機)である。はやぶさ2は、アポロ群小惑星の「リュウグウ」への着陸と土壌サンプルの採集に成功し、地球への帰還の途についている。

㊟アポロ群小惑星＝地球近傍小惑星のグループの1つ。1862年に、このグループの小惑星として最初に発見されたのは「アポロ」。「イトカワ」は1998年、「リュウグウ」は1999年に発見された。
㊟サンプルリターン＝地球以外の天体や惑星間空間から試料(サンプル)を採取しもち帰ること。

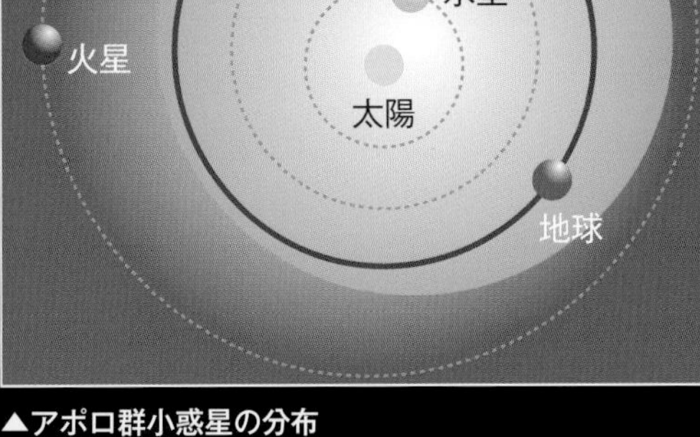

▲アポロ群小惑星の分布

▲イトカワとリュウグウの軌道　©JAXA

● はやぶさ1

2003年5月9日に打ち上げられたはやぶさ1は、2005年9月に地球から約3億㎞離れた位置で小惑星イトカワとのランデブーに成功、同11月にイトカワへの着陸も成功させた後、2007年4月に地球帰還に向けた本格巡航を開始した。

数々のトラブルを無事に乗り越えたはやぶさ1は、2010年6月13日には地球へ帰還し、往復60億㎞の旅を終えると、搭載していたカプセルをオーストラリア・ウーメラ砂漠へ落下させた後、大気圏で燃え尽きた。

▲(左)はやぶさ1を搭載したM-Vロケット5号機の打ち上げ。(右)先端部に、はやぶさ1の本体が組み込まれている ©JAXA

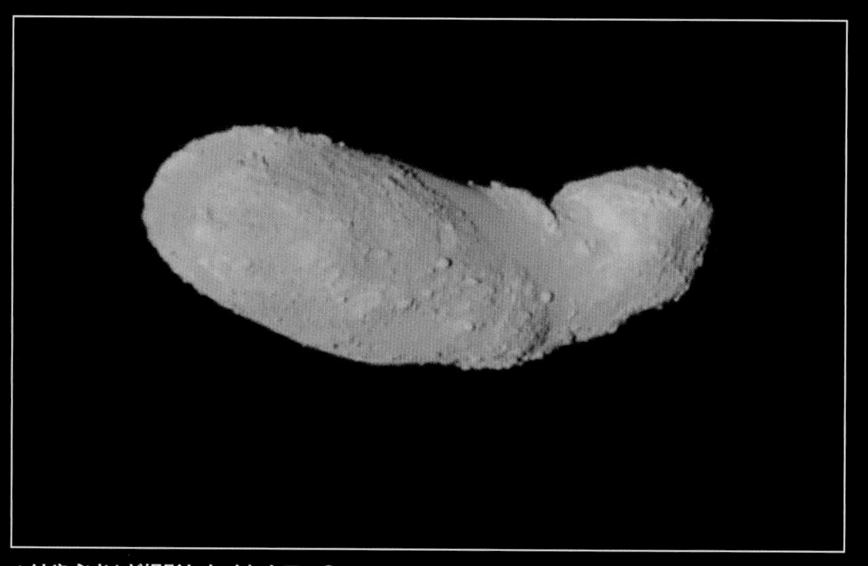

▲はやぶさ1が撮影したイトカワ ©JAXA

イトカワの大きさは、540m×270m × 210m。その表面はレゴリス(柔らかな堆積層)で覆われている。地球帰還後に回収されたカプセルには、みごとにイトカワの岩石の欠片(かけら)(微粒子)が収容されていた。

● はやぶさ2

はやぶさ2は2014年12月3日に打ち上げられ、アポロ群小惑星の「リュウグウ」を目指したが、2018年6月27日にはリュウグウの上空20㎞の位置に到着。小惑星探査ローバー「ミネルバⅡ」の投下に成功し、その後さらに、リュウグウへの着陸と土壌サンプルの採集にも成功。2020年末の地球帰還を目指している。

このはやぶさ2がもち帰るはずの土壌サンプルからは、はやぶさ1以上に太陽系形成当時の含水鉱物や有機物が得られる可能性が高いとされ、生命の起源を探るうえでたいへん貴重な試料になると期待されている。

▲(左)はやぶさ2を搭載したH-ⅡAロケット26号機の打ち上げ 。(右)はやぶさ2の本体　©JAXA

◀「はやぶさ2」が到達したリュウグウ。直径約700m
©JAXA、東大など

イトカワもリュウグウも、母体となっていた天体が破壊され、その破片が再集積して形成された「ラブルパイル天体」(破砕された岩石の集積体)である可能性がきわめて高いと考えられている。

また、「潜在的に地球と衝突の可能性の高い危険な小惑星」(Potentially Hazardous Asteroid：PHA)にも分類されている。

▲はやぶさ2からリュウグウに投下された小惑星探査ローバー「ミネルバⅡ」のイメージ　©JAXA
ミネルバ内部のモーターが回転することによって生じるトルクを利用して、ホップをしながら小惑星表面を移動する。
はやぶさ2は、Rover-1A、Rover-1B、Rover-2の3台のミネルバⅡを搭載していた。

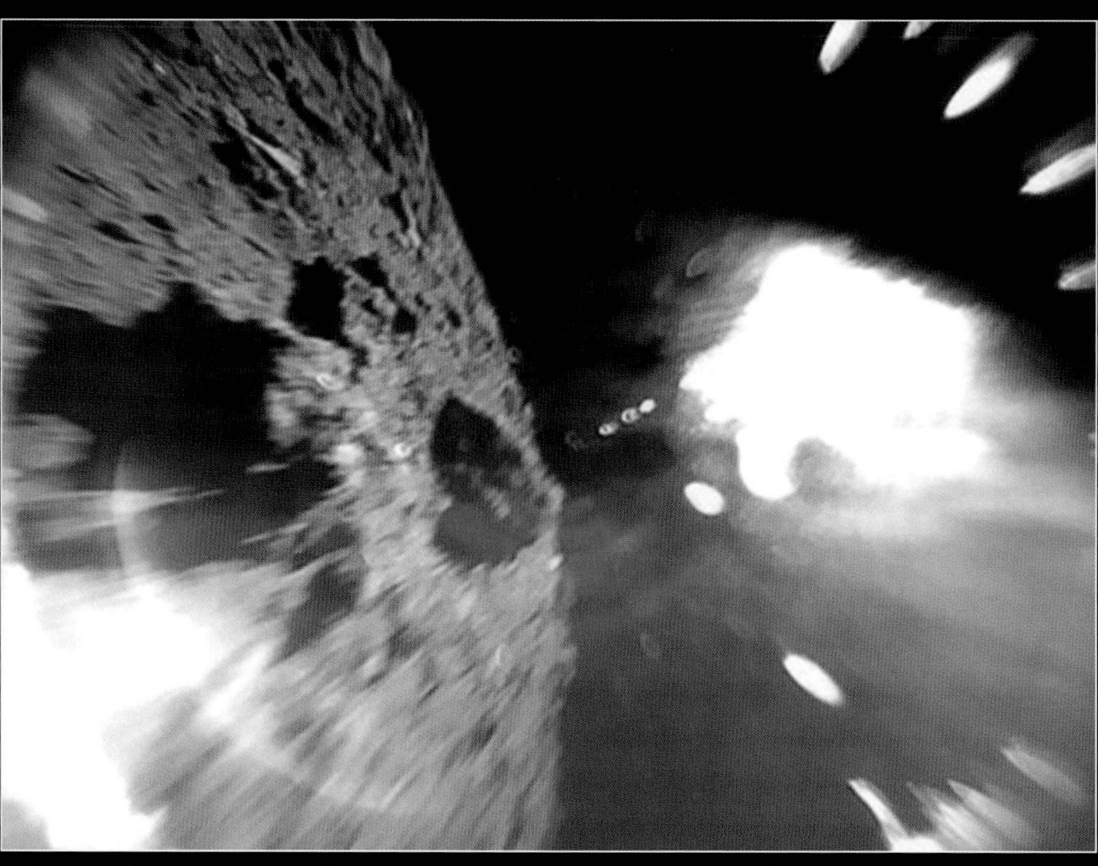

▲ミネルバⅡ（Rover-1A）がリュウグウ表面において移動中（ホップ中）に撮影された映像　©JAXA
左側半分がリュウグウの表面。右側の白い部分は太陽光によるもの。

▲はやぶさ2が高度約1㎞から撮影したリュウグウ表面
©JAXA, 東京大, 高知大, 立教大, 名古屋大, 千葉工大, 明治大, 会津大, 産総研

▲ミネルバⅡ(Rover-1A)が撮影したリュウグウの表面画像
©JAXA

▲高度70mから、はやぶさ2に搭載された広角カメラONC-W1ONC-W1により撮影されたリュウグウ　©JAXA
写真中央右にははやぶさ2の影が写り込んでいる。

重力波をつかまえろ

▲大型低温重力波望遠鏡「KAGRA」。真空ダクトが設置された3㎞の地下トンネル　©国立天文台

2019年10月4日、岐阜県飛騨(ひだ)市神岡(かみおか)町の大型低温重力波望遠鏡「KAGRA(カグラ)」の完成式典が行われた。KAGRAは3㎞の基線長を持ったレーザー干渉計で、世界でもトップクラスの精度をもつ重力波検出器である。

また同日、KAGRA、LIGO(ライゴ)、Virgo(バーゴ)との間での研究協定調印式が行われた。LIGOはアメリカ国内の2か所に設置されている重力波望遠鏡、Virgoは欧州重力波観測所の重力波望遠鏡でイタリアに設置されている。

そもそも、重力波は星の爆発やブラックホールの合体など、宇宙で起きた大きな出来事によって生じる「時空のゆがみ」が波となって伝わる現象である。およそ1世紀前にアインシュタインがその存在を予言していたが、2015年にLIGOが初めて直接観測に成功、その存在を証明して世界的な話題となった。

こうした重力波天体は、複数の重力波望遠鏡で同時観測を行い、それぞれの望遠鏡に重力波が到達した時間差を利用してその位置を特定するが高い精度で特定するためには多数の重力波望遠鏡が観測に参加することが極めて重要であるとされている。

LIGOとVirgoは2019年4月から共同観測を始めていたが、それにKAGRAも参加することで大きな成果をあげることを期待されている。

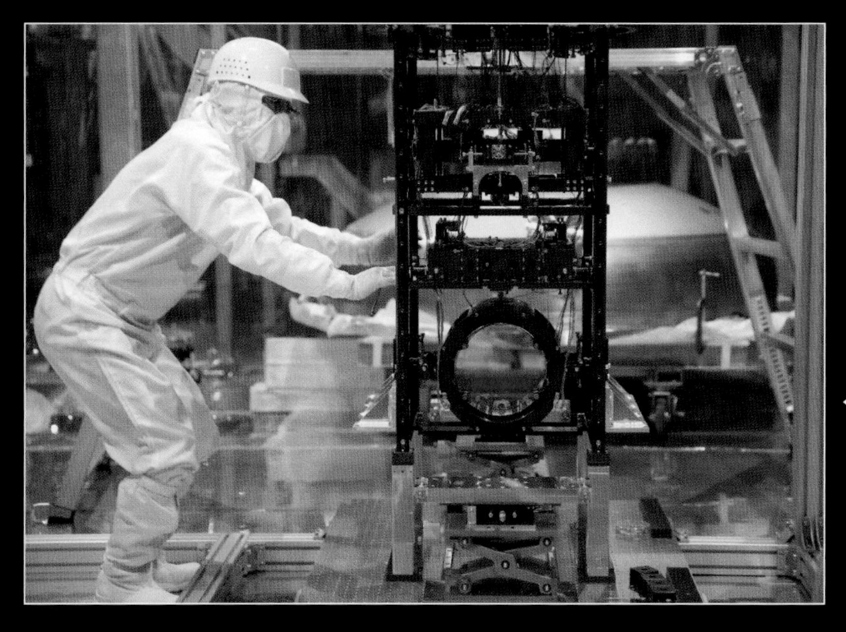

◀KAGRAで、レーザー光線を反射するためのサファイア鏡が入った防振装置をチェックするエンジニア
東京大学ホームページ「大型低温重力波望遠鏡KAGRA完成、年内にも共同観測開始へ」より

重力波望遠鏡とは

重力波は、すばる望遠鏡のような光学赤外線望遠鏡や、アルマ望遠鏡のような電波望遠鏡ではとらえることはできない。そこでつくられたのが重力波望遠鏡だ。

重力波の検出には、「レーザー干渉計」という技術を使っている。重力波によって空間が伸び縮みする様子を、直交する方向に飛ばしたレーザー同士の干(かん)渉縞(しょうじま)を見ることによって検出するのだ。この干渉計の精度を高めるためには、一辺が3㎞のL字型の長い基線長をもつ真空トンネルだけでなく、高出力のレーザー光源、超高性能防振装置付きの大口径・低温レーザー干渉計、超高真空装置などが必要となるが、KAGRAの装置は、そのいずれも世界トップクラスの水準を有している。

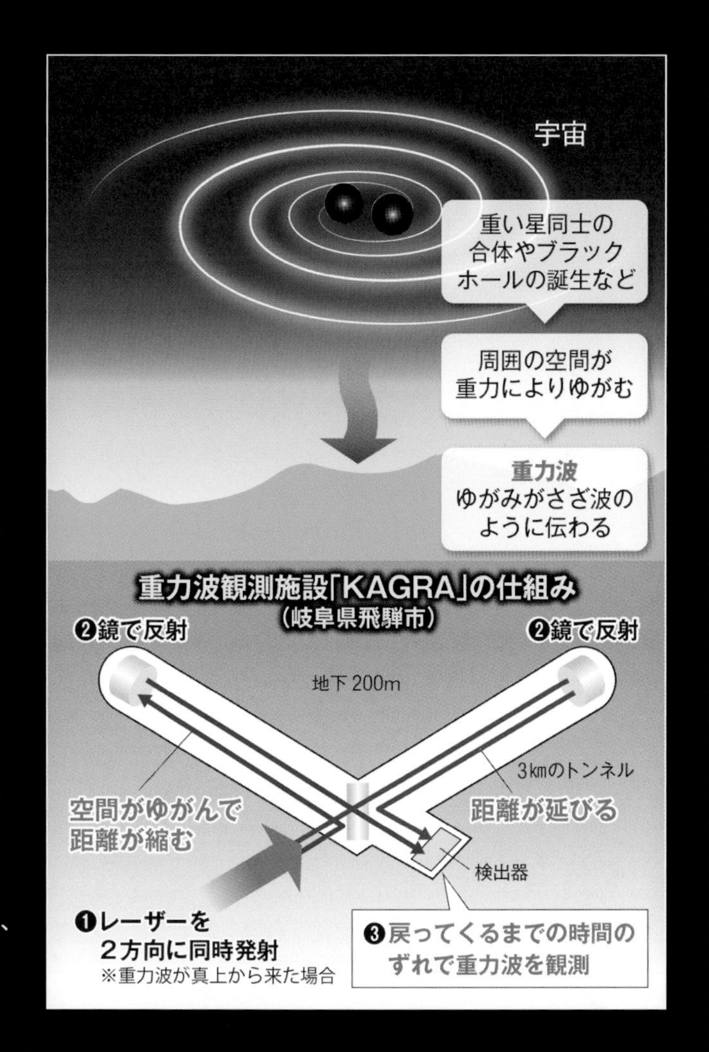

120億光年かなたの宇宙で200個の原始銀河団を発見

国立天文台、東京大学、総合研究大学院大学などの研究者と大学院生からなる研究グループは、2018年3月、すばる望遠鏡に搭載された超広視野主焦点カメラ「Hyper Suprime-Cam」を用いた探査観測により、およそ120億光年かなたの「原始銀河団」を約200個発見したことを発表した。

原始銀河とは銀河を形成しつつある星間ガスの雲のことで、それが徐々に集まって巨大な星(恒星)を形づくり、さらにスターバースト(爆発的星生成)を起こして新たな銀河を形成していく。そのプロセスを調べるには、現在の宇宙に存在している、すでに完成した銀河団だけではなく、銀河・銀河団が成長しつつある遠方宇宙(つまり過去の宇宙)の原始銀河団を直接観測することが必要である。

しかし銀河団のように非常に密度の高い領域は宇宙全体でもごく稀で、たとえば現在の宇宙で銀河団が占める体積の割合はわずか約0.38% にすぎないし、遠方宇宙に存在する原始銀河団の発見はより困難で、実際に遠方宇宙で発見された原始銀河団は20個に満たないほどだった。その遠方宇宙の原始銀河団を200個近くも発見したことが大きな成果だったことは言うまでもない。

▲**すばる望遠鏡** ©国立天文台
アメリカ・ハワイ島のマウナケア山の山頂(標高4205m)にある日本の国立天文台の大型光学赤外線望遠鏡。

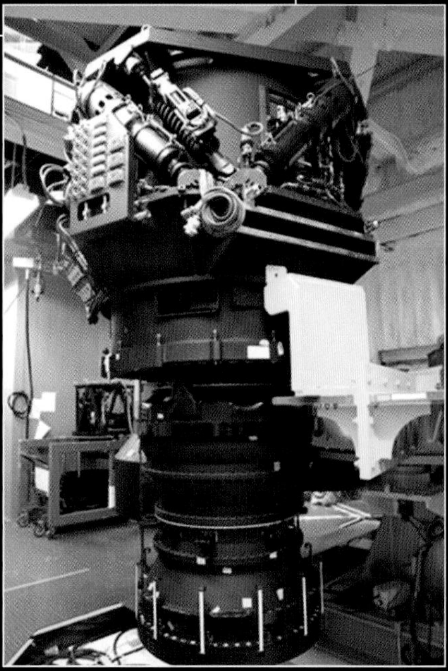

▶**超広視野主焦点カメラ「Hyper Suprime-Cam」** ©国立天文台
レンズ・フィルター・シャッター・光センサーで構成されているデジタルカメラ。約8億7000万画素を有する光センサー(高感度CCD)は真空容器に封入され－100℃に冷却されている。第一レンズの直径は約82cmで、レンズ筒の長さは165cm、ピント合わせなどの位置調整は6本の精密機械式ジャッキで行う。総重量は3tに及ぶ。

約120億光年かなたの銀河の分布と原始銀河団領域の拡大図

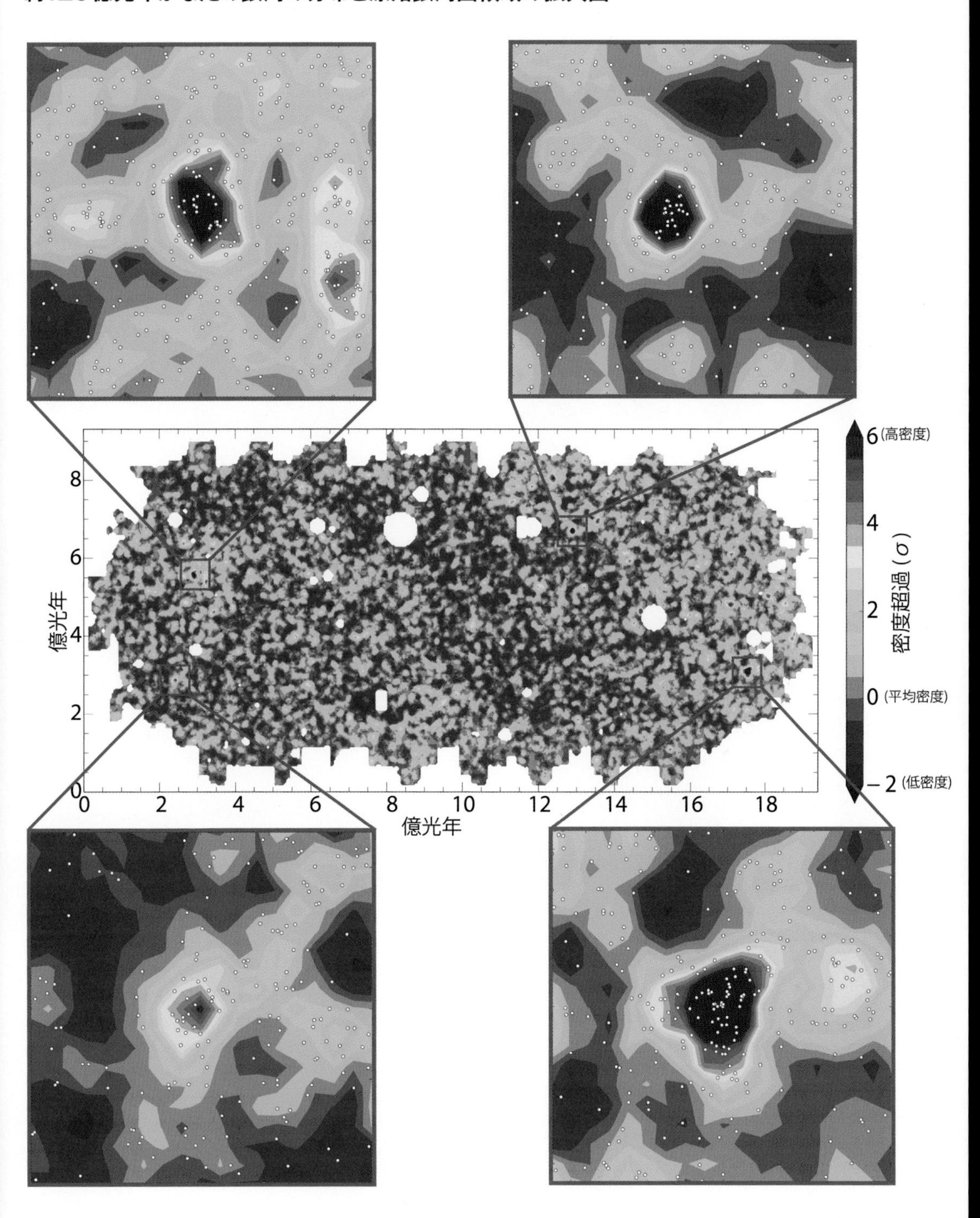

図の青色から赤色は、銀河の低密度から高密度領域を表し、拡大図上の白丸は実際の銀河の位置を表している。
また、特に赤い領域は将来的に銀河団になると予想される原始銀河団を示している。

©国立天文台

132億光年かなたの「宇宙の塵」の発見

名古屋大学大学院理学研究科の田村陽一(たむらよういち)准教授を中心とする研究チームは、アルマ望遠鏡を用いて、エリダヌス座の方向132億光年の距離にある「MACS0416_Y1」と呼ばれる銀河を観測し、2019年3月に、この銀河に太陽の400万倍もの質量に及ぶ塵(ちり)が存在することを明らかにした。

138億年前に宇宙が誕生した直後には、宇宙には水素とヘリウム、微量のリチウムしか存在していなかったが、それらを材料に星が生まれ、さらにその星の中で核融合反応が進んで、酸素や炭素、その他の塵の原料となる元素がつくり出された。そして星が一生を終えたときに、それらの元素が宇宙にまき散らされていった。

つまり、この大量の塵の検出は、宇宙が誕生してから6億年後までに多くの星が生まれ、死んでいったことを示しているわけだが、そうした星々が生と死を繰り返しながら、宇宙はさらに進化していったのだ。

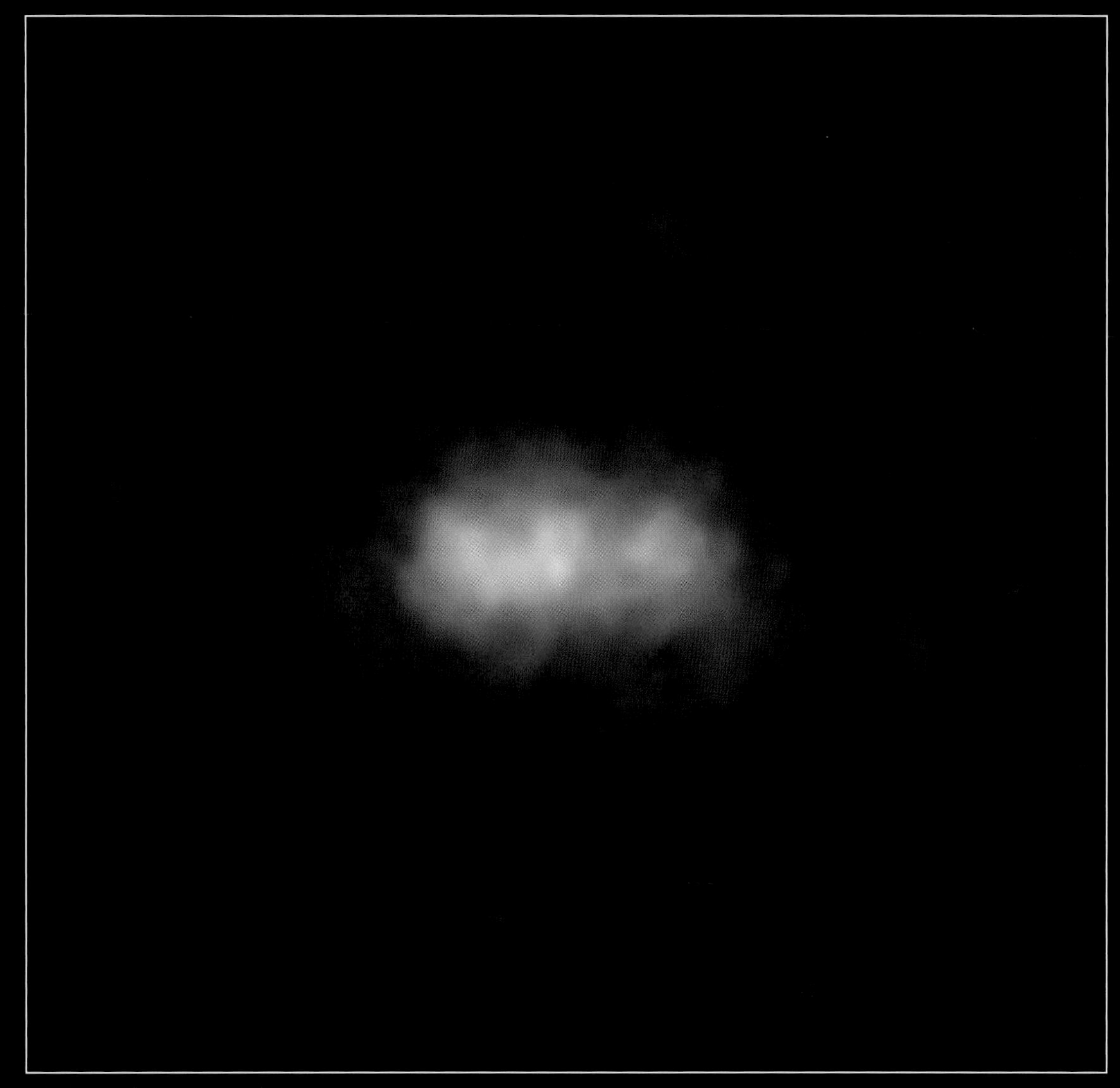

▲銀河MACS0416_Y1の観測画像
©ALOMA(EAO/NAOJ/NRAO)、NASA/ESA Hubble Space Telescope、Tamura et al.
アルマ望遠鏡がとらえた塵が放つ光を赤色、酸素が放つ光を緑色、ハッブル宇宙望遠鏡がとらえた若い星が放つ光を青色に割り当てて表現している。

超新星の大量発見

2019年5月、東京大学国際高等研究所カブリ数物連携宇宙研究機構の安田直樹教授を中心とする、東京大学や国立天文台などの研究者で構成された研究チームは、すばる望遠鏡に搭載されたHyper Suprime-Camを用いて、わずか半年の間に、地球から約80億光年以上も遠方にある超新星58個をはじめ、約1800個もの超新星を発見したことを発表した。

超新星とは超新星爆発の後に残る星雲状の天体のことだが、遠方の超新星の発見については、これまで、10年以上かけて50個弱というハッブル宇宙望遠鏡の例があったが、それをはるかに上回る成果だった。

超新星爆発は星が一生の最期に起こす大爆発で、宇宙進化の原動力であることが知られているが、今後は新たに発見されたこれらの超新星のデータを使うことにより、これまで以上に正確な宇宙加速膨張の値を導き出すことが期待されている。

新たに発見された超新星の例

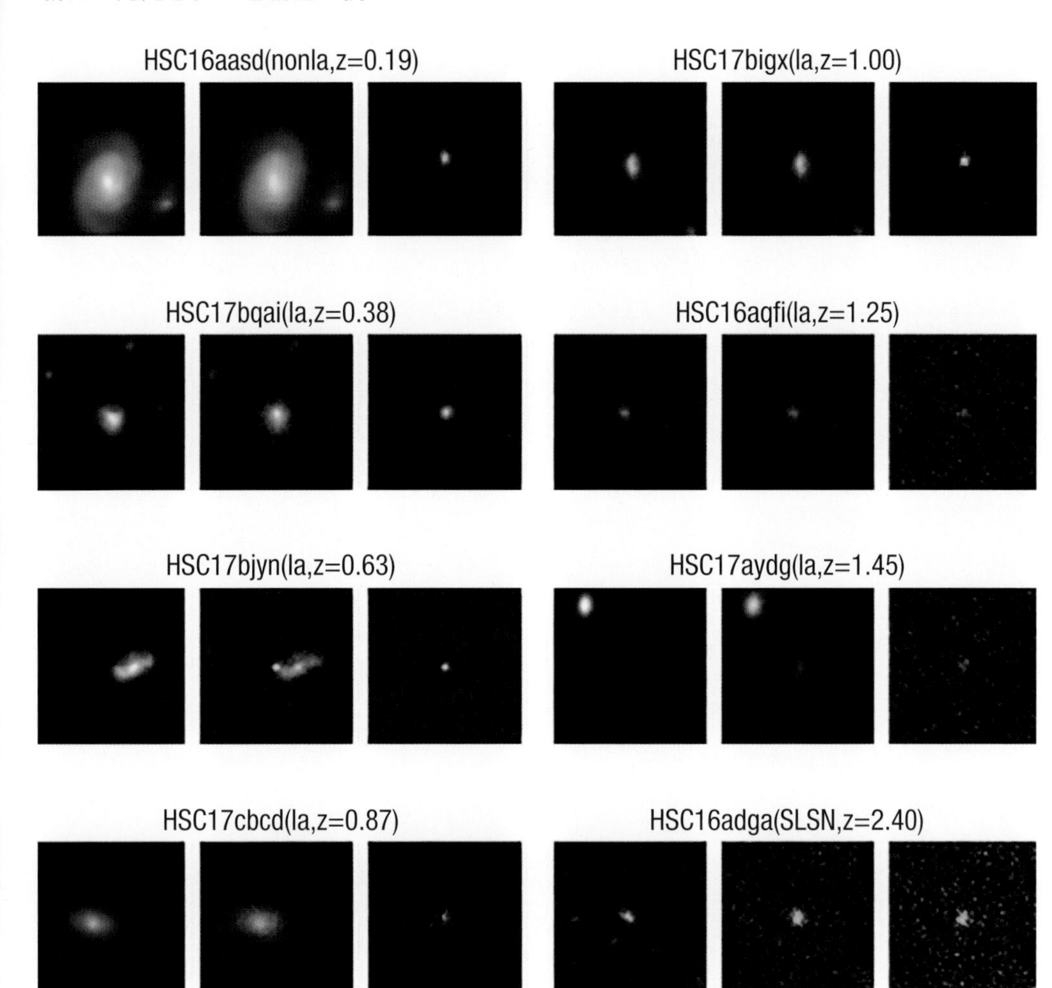

3枚1組の写真が1つの超新星の変化を示す。それぞれ、左から順に爆発前、爆発後、超新星の様子を表している。

135億光年かなたの星形成の痕跡を発見

2019年9月に、東京大学宇宙線研究所の馬渡健(まわたりけん)特任研究員、早稲田大学の井上昭雄(いのうえあきお)教授らの研究チームが、135億年前の星形成の痕跡(こんせき)を発見したことを発表した。

同チームは、2018年の段階で、ビッグバンから5億年後(地球からの距離132.8億光年)の距離に位置するMACS1149-JD1という"老けた銀河"を発見していたが、それよりさらに古い銀河の痕跡の発見だった。

なぜ、老けた銀河を追ったのか……。それは、老けた銀河は過去の星形成の痕跡を残す化石のような存在であり、発見された時代よりも過去の様子を探ることができるからだった。

研究チームは、それまで各国の研究者によって積み重ねられていた多くの観測結果を踏まえて、「COSMOS(コスモス)」と呼ばれる天域に注目し、まず、スピッツァー赤外線宇宙望遠鏡の近赤外線画像に写る3万7000の天体の中から6つの候補を選び出した。

そして、独自にアルマ望遠鏡を使って超高感度電波観測を行い、星間塵(せいかんじん)の放射線が見えない3天体に絞り込み、可視光線から電波にわたる15の波長の画像を用いた詳細なスペクトル解析を行った。

その結果、それら3つの天体が、いずれもビッグバンが起きて10億年後の時代(赤方偏移6)であるにもかかわらず、その銀河を形成している星の大部分は宇宙年齢7億歳であることがわかった。

つまり、ビッグバンが起きてわずか3億年後、すなわち宇宙年齢3億年(地球からの距離135億光年)の時代に、これらの銀河は誕生していたのである。

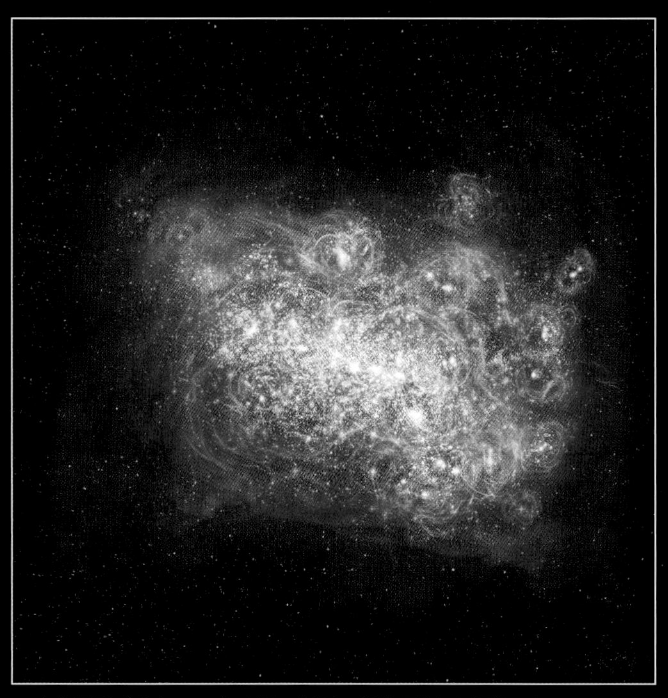
▲まだ星形成をしていた時代の銀河の想像図(赤方偏移14) ©国立天文台

▲観測された"老けた銀河"(赤方偏移6) ©国立天文台

▲**COSMOS天域**　©NASA, ESA, and Z. Levay
ハッブル宇宙望遠鏡を中心としたプロジェクト（COSMOSプロジェクト）では、「ろくぶんぎ座」の方向にある2平方度の天域をCOSMOS天域として、宇宙における大規模構造（LSS）と暗黒物質の関係、銀河の形成などに関する観測・研究が進められている。

▲**アルマ望遠鏡 山頂施設**　©国立天文台

◀**スピッツァー赤外線宇宙望遠鏡**　©NASA
NASAが2003年8月に打ち上げた赤外線宇宙望遠鏡。2013年8月に運用10周年を達成したが、今も観測を継続している。

すばる望遠鏡が土星の衛星を新たに20個発見

2019年10月、アメリカのカーネギー研究所などを中心とする研究チームは、2004年から2007年にかけてのすばる望遠鏡を使った観測により、土星の外周部を回る衛星を新たに20個発見したと発表した。この発見により、これまでに見つかった土星の衛星の総数は82個となり、木星の衛星数79個を上回ることとなった。

新たに発見された土星の衛星の直径はいずれも5kmほどで、そのうち土星の自転とは逆向きに周回している17個（右ページ上図の橙色で示した衛星）と、順行している1個（同、緑色の衛星）は、これまで発見されていた衛星より土星からかなり離れたところを回っており、土星を1周するのに3年以上かかると見られている。

一方、順行する衛星のうちの2個（同、青色の衛星）は、土星にやや近いところを回っており、土星の周りを1周するのに約2年かかることもわかった。

これらの衛星を研究することにより、その形成過程や形成時における土星周辺の状況を明らかにすることができると期待されている。

▲土星を回る衛星「タイタン」のイメージ　©NASA/JPL-Caltech/SSI
1655年に土星を回る衛星として初めて発見された。軌道長半径は122万1865kmで、公転周期は約15.95日。

土星を周回する20の新衛星の概念図

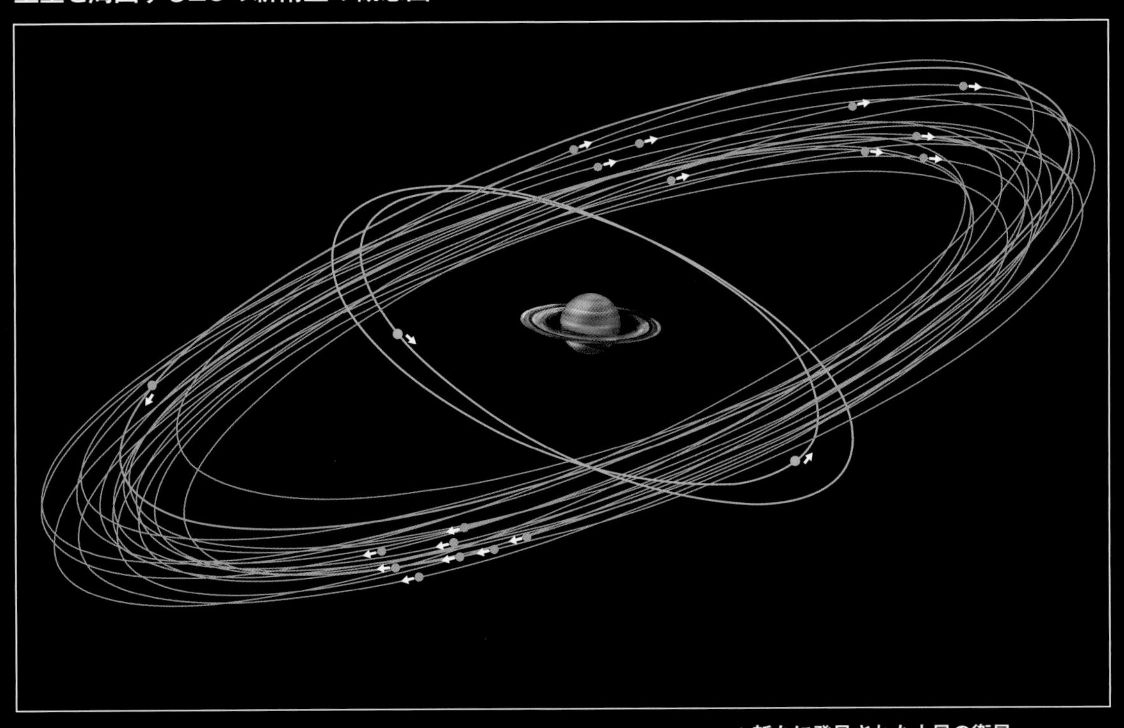

▲新たに発見された土星の衛星
橙色で示した衛星は土星の自転とは逆向きに周回。緑色と青色で示した衛星は土星の自転と同じ方向に周回している。今回の発見により土星の衛星数は82になり、これまで太陽系で最も多くの衛星が見つかっていた木星を上回った。上図は、すばる望遠鏡の「観測成果(2019年10月7日付)」を元に作成。

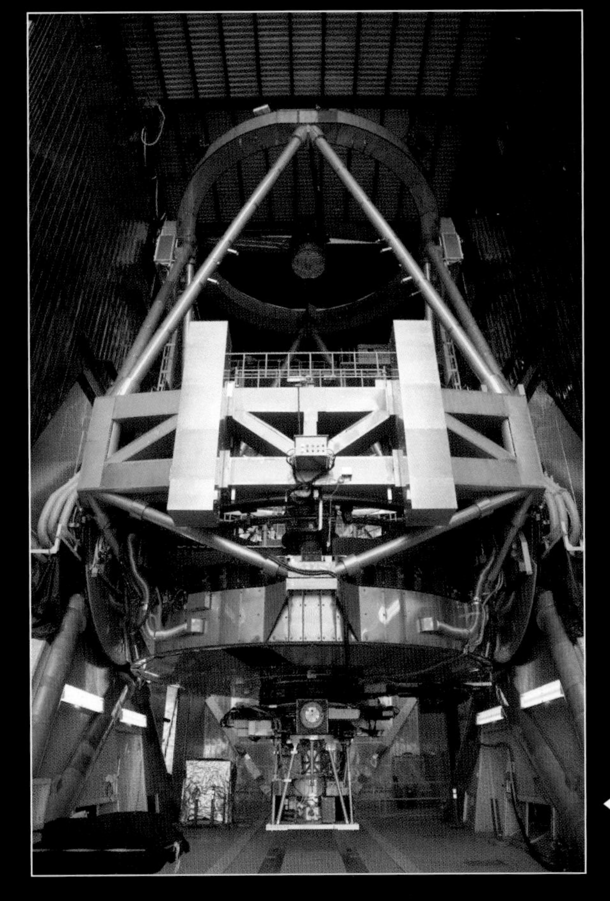

◀すばる望遠鏡　©国立天文台
1999年1月にファーストライト(試験観測開始)、以来、国際的な天文台として各国の研究者の拠点となっている。

Chapter 1 宇宙の誕生と進化

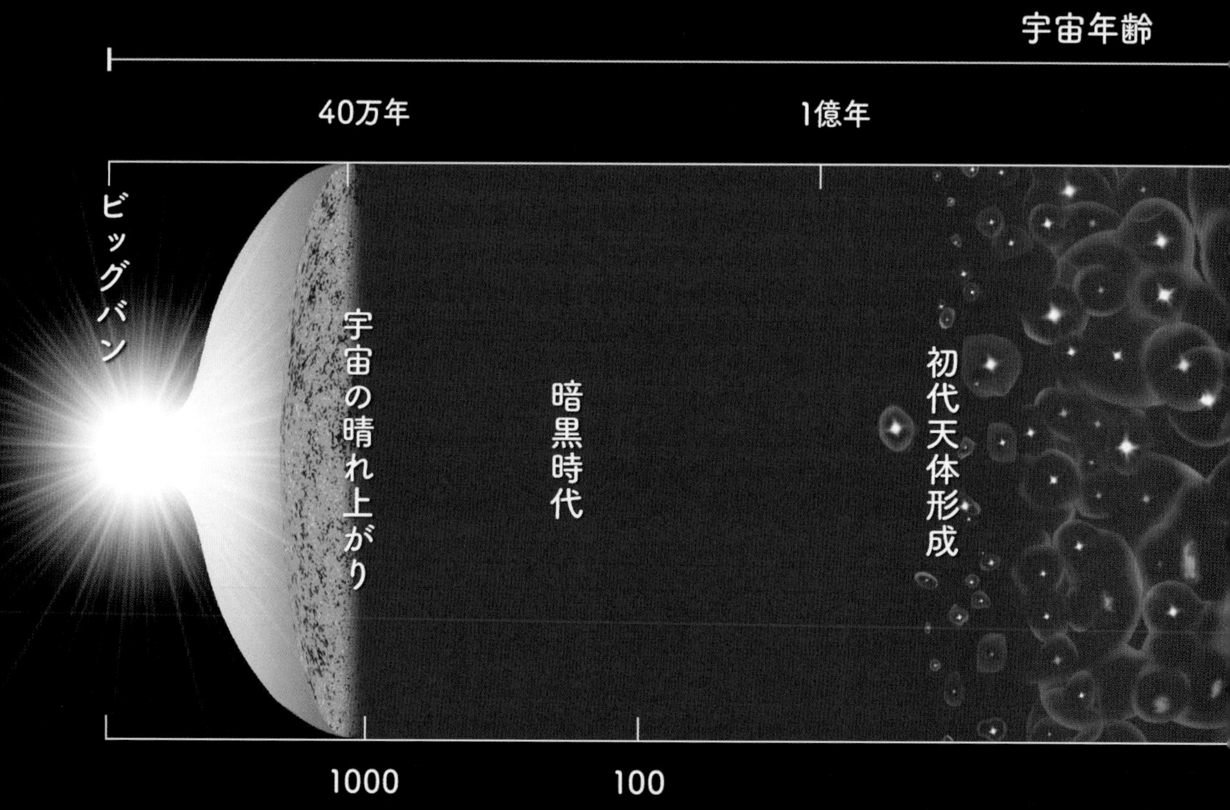

▲宇宙の時間進化の模式図　©国立天文台

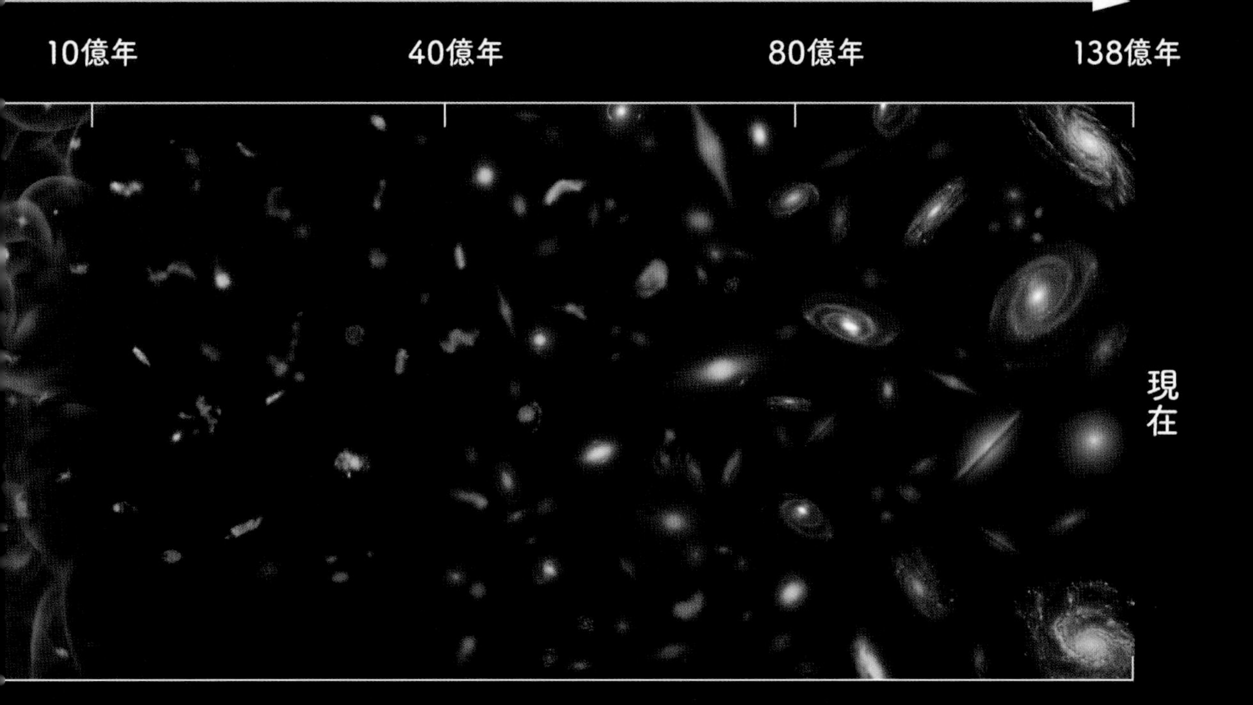

1

宇宙は、今から140億年ほど前に、「無の状態」から突然出現したと考えられている。

無の状態とは、物質も空間も、時間さえもない状態である。その宇宙は、密度も温度も無限に高い点だったが、出現すると同時に急激に膨張していった。宇宙がこのような状態で誕生したことを「ビッグバン」と呼んでいる。

ビッグバンがなぜ起きたのかについては、現在の科学知識をもってしてもなお多くの謎に包まれている。しかし、宇宙がどのように進化してきたかについては、現在知られている物理の法則などを用いることで、その大筋がかなりわかるようになっている。まず、その進化の過程をたどっていくことにしよう。

■ 膨張する宇宙と原子の誕生

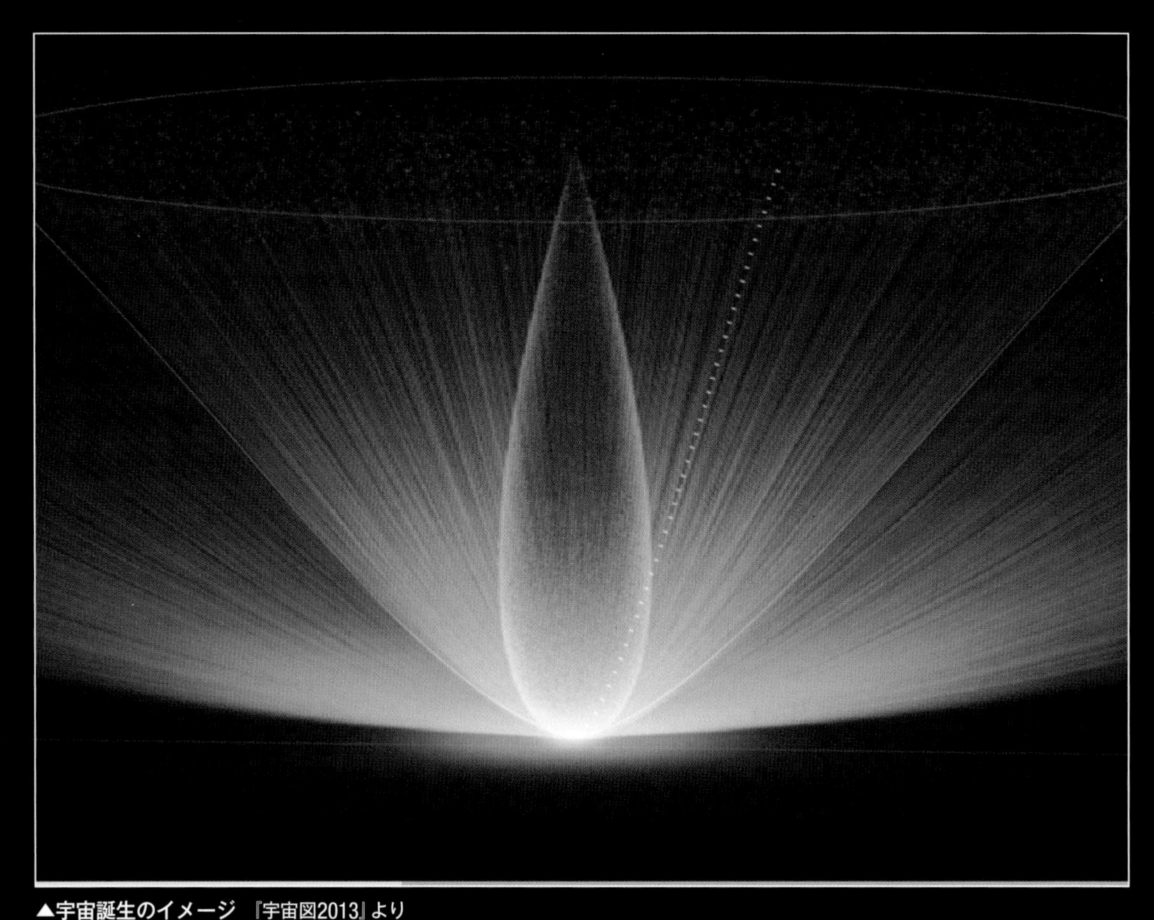

▲宇宙誕生のイメージ 『宇宙図2013』より
©2013「一家に1枚 宇宙図 2013」制作委員会
図の一番下がビッグバン。そこから右上に伸びた点線の延長上に太陽系が誕生する。

私たちが住む宇宙は静止状態で出現したわけではなかった。最初から膨張を伴って出現した。その膨張は、宇宙の中のある1点から始まったものでも、宇宙に縁（ふち）があってそれが外に向かって広がっていったものでもなかった。宇宙のありとあらゆるところで空間自体が拡大し、宇宙全体が大きくなっていった。

その宇宙は、膨張するにつれて密度と温度を下げていった。地上で気体が膨張すると密度と温度が下がっていくのと同じである。それでもまだ、宇宙は太陽の中心部よりもはるかに高温な状態だった。

その中で、陽子の一部が核融合を起こしてヘリウムの原子核がつくられた。しかし、それ以上重い原子核はできなかった。宇宙の膨張があまりにも急激だったために、重い原子核がつくられる前に密度が下がって、核融合が起きなくなってしまうからだった。

この段階の宇宙は不透明な状態だった。自由電子が、それこそ縦横無尽に飛び交っていたためである。自由電子とは、原子内にとどまることなく自由に動き回る電子のことだが、あらゆる波長の電磁波を容易に吸収・散乱して、自分の温度に応じた特徴のある電磁波を放射するという相互作用を起こす。

そのため、自由電子で満ちている宇宙の中では、光（光も電磁波に含まれる）も直進することができず、不透明な状態が続いていたのだ。

しかし、そんな宇宙が大きく変化する時が訪れる。

水素原子、ヘリウム原子、自由電子の構造

水素原子

ヘリウム原子

自由電子

自由電子

陽子

中性子

電子

原子核

水素原子だけは特別で
中性子がない

軌道を外れた電子が
自由電子となる

■宇宙の晴れ上がり

ビッグバンから40万年ほど経つと、宇宙の温度が下がって、陽子と電子が結びついて水素原子が、ヘリウム原子核と電子が結びついてヘリウム原子がつくられるようになった。そのおかげで自由電子が姿を消し、電磁波は直進できるようになり、宇宙のあらゆる方向に光が放たれた。それを「宇宙の晴れ上がり」と呼んでいる。

この宇宙の晴れ上がりのとき、宇宙の温度は3000K(2726.85℃)㊟まで下がっていたため、宇宙に解き放たれた光は3000Kの光だった。それが「宇宙マイクロ波背景放射」である。

その光は、宇宙の膨張に伴い波長が引き伸ばされていった。そして現在では約3K(-270.15℃)の電波(宇宙背景放射)として地球に届いている。

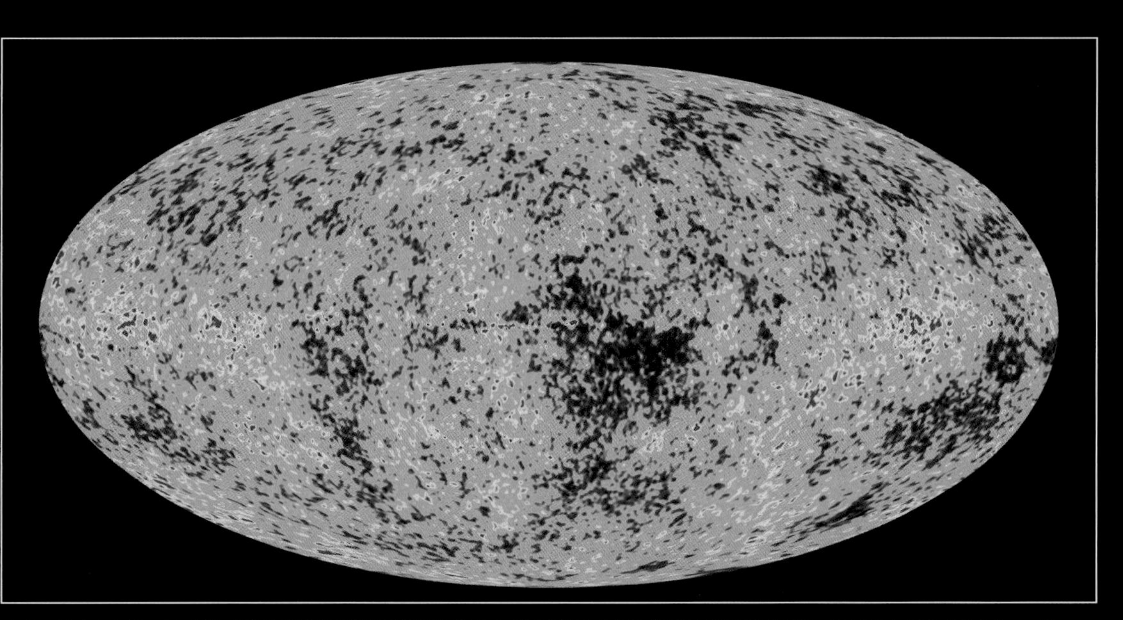

▲ウィルキンソン・マイクロ波異方性探査機(WMAP)による宇宙マイクロ波背景放射の画像 ©NASA / WMAP Science Team
電波の強度に応じて、赤黄緑青に色分けされている。

㊟K(ケルビン)は絶対温度、℃は摂氏。℃はもともと水の凍る温度を0℃、沸騰する温度を100℃として、その間を100分割したもの。一方、Kは熱力学的に考えられる最低温度-273.15℃(絶対零度)を0 Kとして目盛りを決めている。つまり、0℃は273.15Kと定義されている。1Kと1℃の温度差は同等で、各温度計のメモリの幅は同じである。本書では、わかりやすさを優先して、桁の大きな温度はKで、日常的な温度は℃で表記する。

■ 原始星の誕生

宇宙マイクロ波背景放射が発せられたころ、宇宙空間に漂う水素やヘリウムを主体とした星間(せいかん)ガスは、1㎠あたりの原子が数個程度という非常に希薄なものだった。

だが、宇宙がさらに膨張して密度も温度も下がっていくと、さまざまな原因により、星間ガスの分布に濃淡が現れていった。

物質が集まると、より大きな重力が生じるようになる。そしてその影響が、宇宙の膨張による影響を上回るようになると、物質が集まっているところにますます物質が集まり、星間雲(せいかんうん)となって渦を巻き始め、その中に1㎠あたり1000個以上のガス分子が存在する場所が現れた。分子雲である。

その分子雲にも物質密度の濃淡があったが、特に密度の濃い部分(分子雲コア)では星間ガスがお互いの重力によってますます密度を増し、やがて収縮し始めた。

この収縮が加速度的に進むとガスの温度が上昇し、原子が原子核と電子に分かれた。そして、さらに温度が上昇すると赤外線を放出して、自ら光を放ち始めた。こうして宇宙で最初の恒星(原始星)が誕生した。

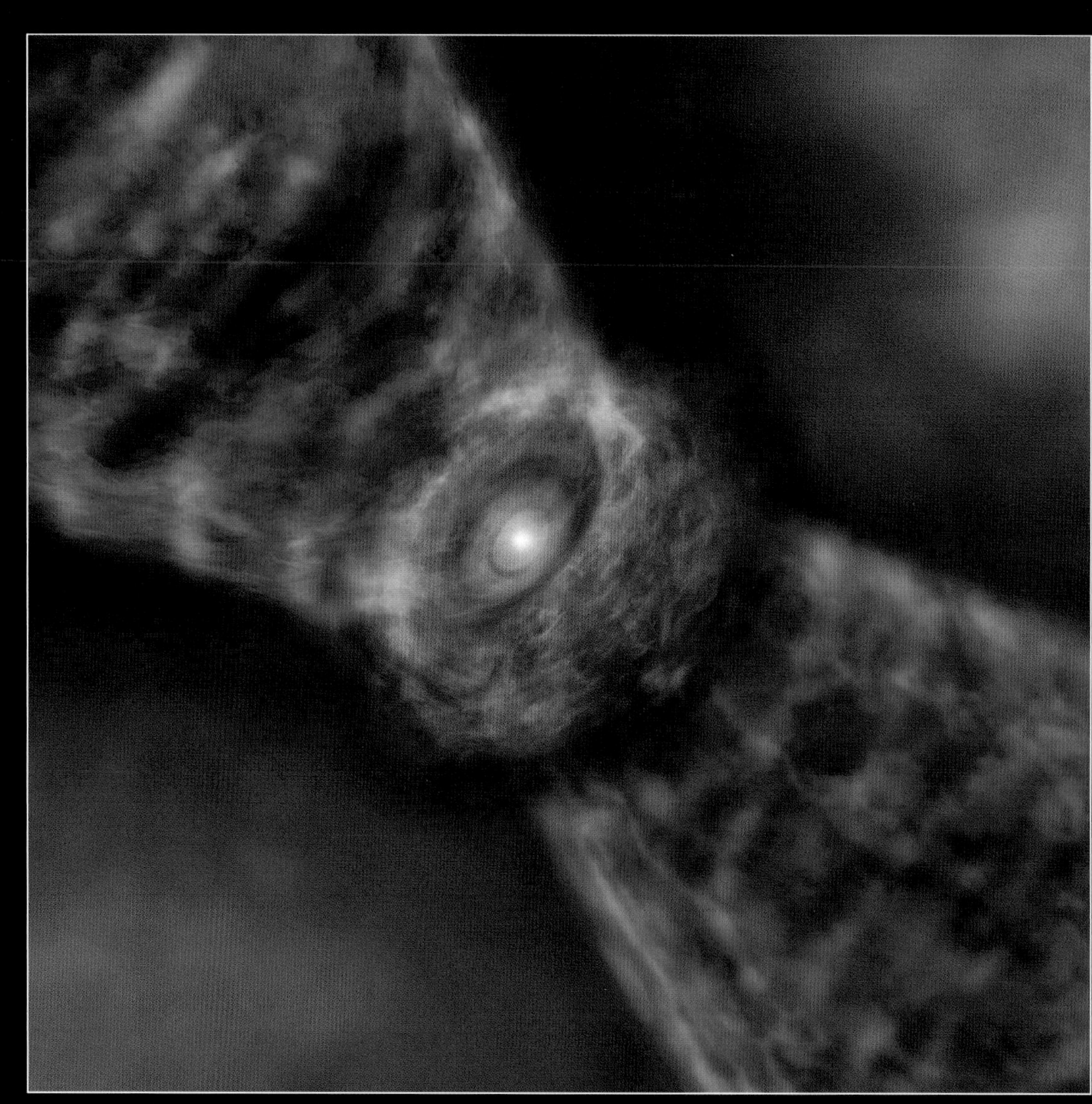

▲成長する巨大原始星のイメージ　©ALMA (ESO/NAOJ/NRAO)

左ページの図は、地球から約1400光年の距離のオリオン大星雲の中にある巨大原始星「オリオンKL電波源Ⅰ(アイ)」の観測結果をもとに描かれた巨大原始星のイメージである。

大質量の原始星の周囲はガスの円盤（原始惑星系円盤）が取り巻いており、その円盤の外縁部の表面からはアウトフロー（ガスジェット）が吹き出している。

そして、回転する円盤の遠心力によって円盤のガスを外側に移動させるような力が働くが、その一方で、ガスは円盤を貫いている磁力線に沿った方向に引っ張られる。

そのため、遠心力によって外側に押されたガスが円盤表面から磁力線に沿った方向に流れ出していく。

それがこのようなアウトフロー現象が起きる理由だと考えられている。

東京大学の吉田直紀(よしだなおき)教授は、スーパーコンピュータで大規模なシミュレーションを行い、宇宙ができて1億～3億年経(た)ったころ、太陽の100分の1程度の星が誕生し、それが太陽の100倍から数百倍にも及ぶ巨大な質量を有するガス状の星に成長していったとしている。

また、下の図は、山口大学の元木業人(もときかずひと)助教らによる巨大原始星G353.273+0.641の観測データをもとにした巨大原始星と、それを取り巻く星間ガスのイメージだ。

原始星の誕生がいかにダイナミックなものだったかイメージできるだろう。

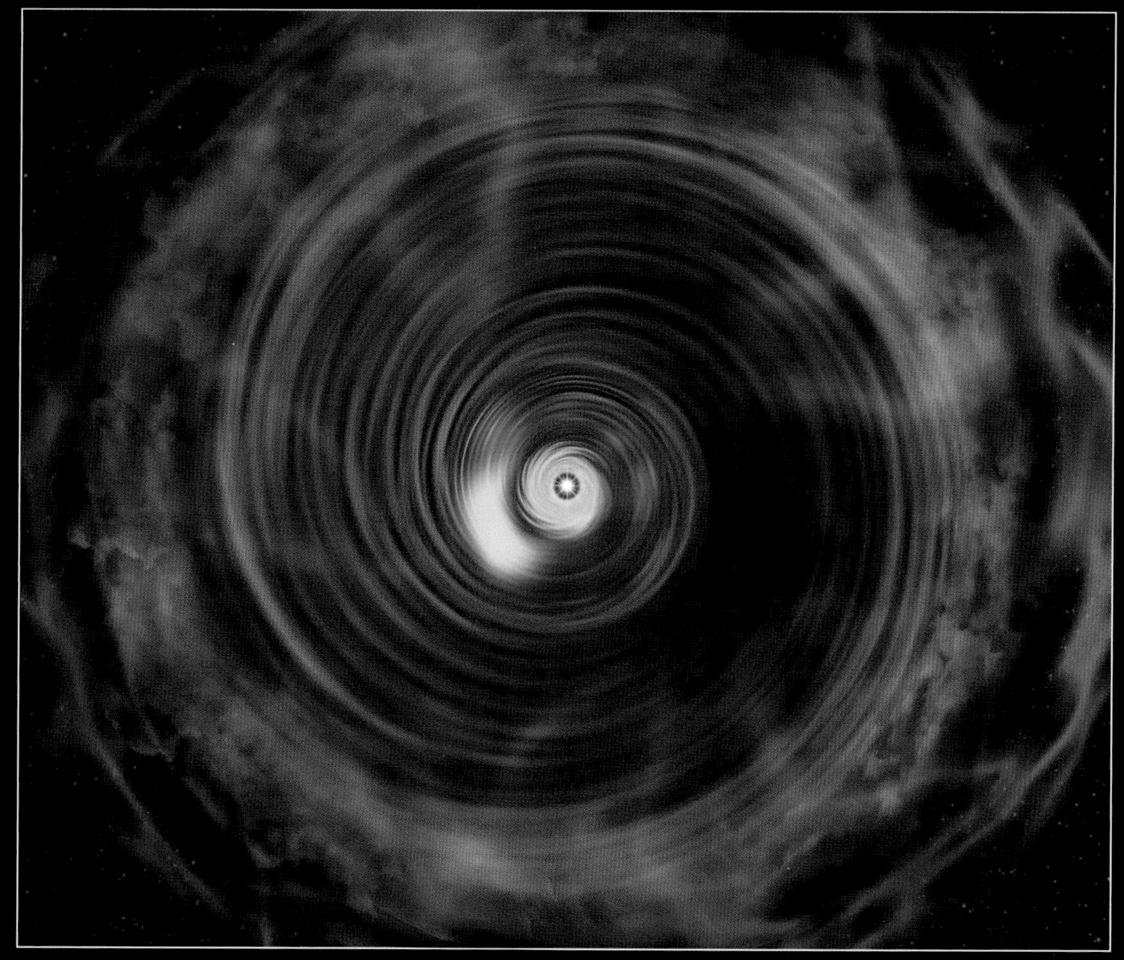

▲巨大原始星とそれを取り巻く星間ガスのイメージ　©国立天文台

山口大学の元木業人助教らの研究チームはアルマ望遠鏡を用いて、地球から見てさそり座の毒針付近にあるG353.273+0.641（地球からの距離はおよそ5500光年）を観測、上のイメージを描き出した。

■原始星の終末と新たな物質の生成

前述したように、星が存在していなかった宇宙に最初の星が誕生したのは、宇宙ができて1億〜3億年経ったころだった。しかし、彼らの寿命はそれほど長くはなかったと考えられている。

あまりにも巨大で、核融合反応が激しく進行するために、短期間のうちにエネルギーを使い果たしたからである。そのプロセスは次のように進んだと考えられている。

誕生した原始星の中心部の温度が収縮によって1000万Kに達すると、まず水素がヘリウムへと変換される核融合反応が起こった。簡単にいえば、4つの水素の原子核から1つのヘリウム原子核をつくる反応である。

この核融合反応によって生み出されるエネルギーは莫大で、星の収縮を停止させ、星は自分自身で光を放って輝き出した。現在の星の分類でいえば、主系列星となったのだ。

しかし、その状態が永遠に続いたわけではなかった。核融合反応が進むにつれて、星の内部構造がヘリウムからなる核とそれを取り巻く水素の外層という構造に変わっていった。そして、それに伴い核融合が起きる場所が変化すると同時に、星の膨張が始まり、表面温度がそれよりも低い赤い星＝赤色巨星へと変貌していった。

この赤色巨星の平均密度は非常に低かった。太陽の平均密度が地上での水と同じ程度であるのに対して、赤色巨星の密度は地表での大気の1万分の1程度の希薄さである。

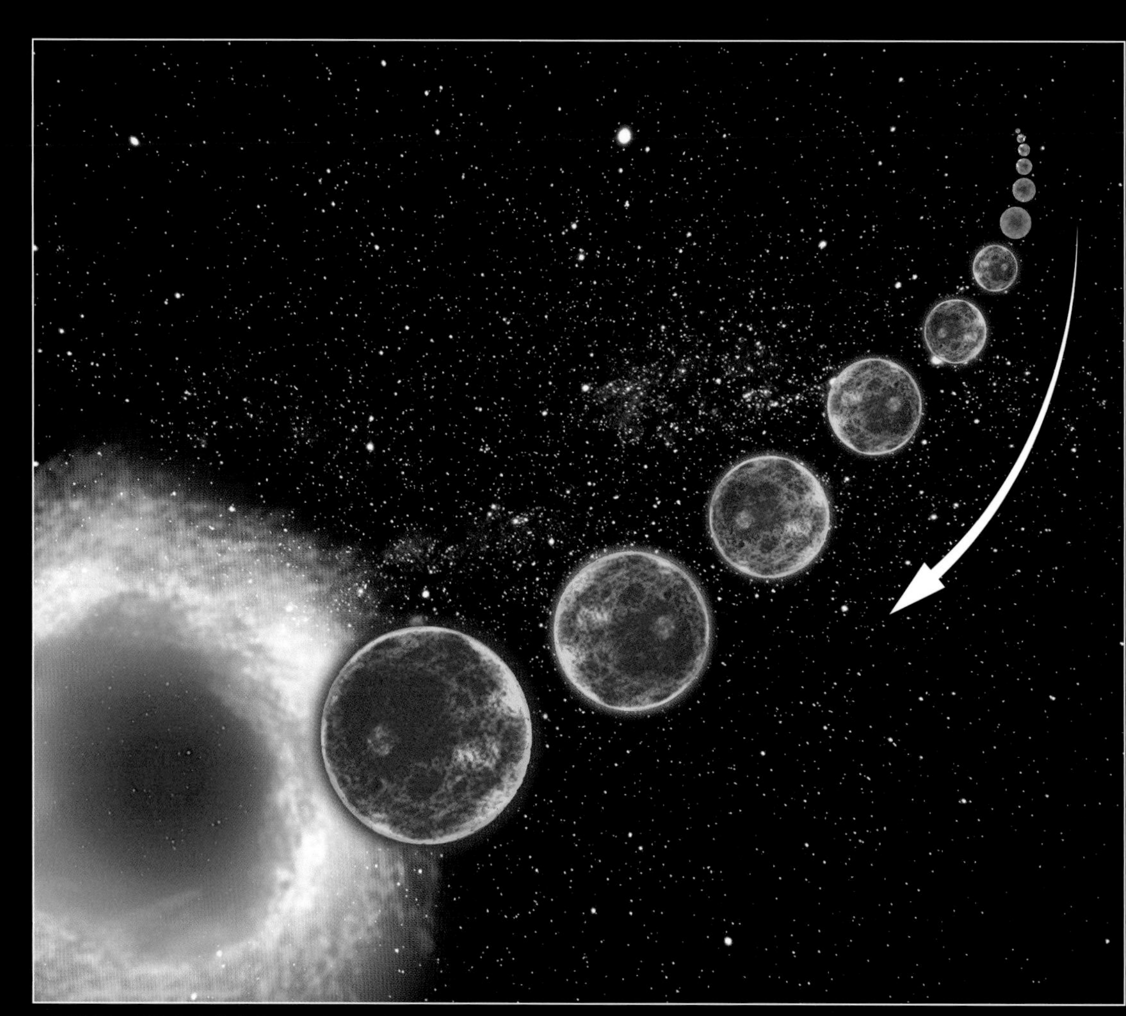

▲原始星の誕生から終末までのイメージ

その赤色巨星の外層からは、ガスがどんどん宇宙に放出されていった。

赤色巨星があまりにも巨大で、星の中心から外層まで遠く離れているために、ガスを引き止めるだけの重力が働かないからである。

これを質量放出というが、その結果、赤色巨星の中心には水素をほとんど含まない部分だけが残り、徐々に剥き出しになっていった。

また、核融合反応を起こすための物質もどんどん失われていった。そして核融合反応が停止すると、それまで自分自身を支えていたエネルギーを失い、星を構成していた物質が一気に重力の高い中心部に集中し始め、数百万年から数千万年ほどすると、すさまじい勢いで爆発を起こして一生を終えていった。それが超新星爆発である。

そのとき、太陽の10倍以上の質量をもっていた原始星は中性子星を残した。また、30倍以上の質量をもつ原始星はブラックホールを残した。

これが、今考えられている巨大原始星の誕生から死までのシナリオである。

ただし、原始星はただ姿を消したわけではなかった。超新星爆発によって、宇宙空間には、もともとあった水素やヘリウムを主体とするガスに加え、原始星内部での核融合反応によって新たにつくられたさまざまな元素も塵となってばらまかれた。そして、それらは星間ガスや星間塵(宇宙塵)として宇宙を漂いながら、再び新たな星を生む材料となっていったのである。

現在の宇宙で見られる赤色巨星

右に示したのは、オリオン座にある赤色巨星ベテルギウスである。地球からおよそ642光年の距離にある。1000万年ほど前に主系列星になったと推定されている星だが、現在では赤色巨星となっており、超新星爆発の前兆現象を示している。

その質量は太陽の約20倍もあり、このベテルギウスを仮に太陽系の中心に置いたとすると、その大きさは木星軌道の近くまで達するほどだが、第一世代の赤色巨星は、これよりはるかに巨大だったと考えられている。

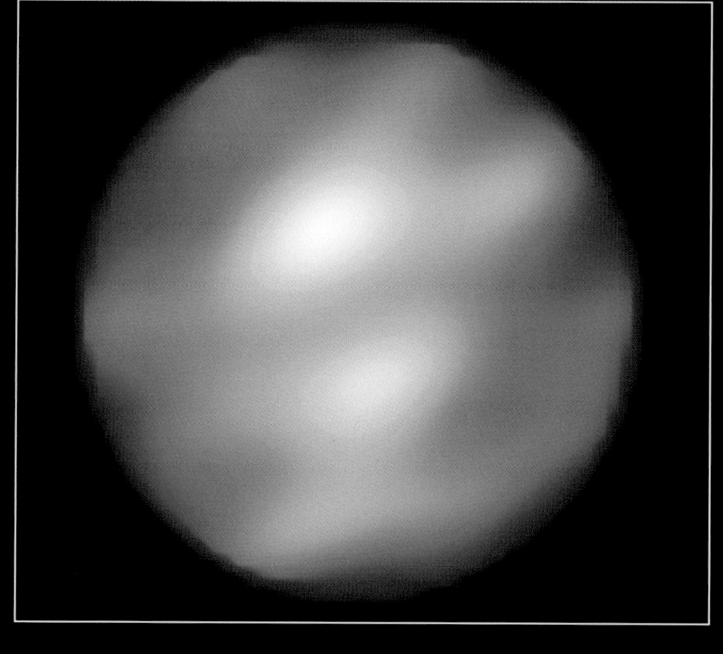

◀赤色巨星ベテルギウス
©Xavier Haubois (Observatoire de Paris) et al.

■リサイクルされている宇宙の資源

第一世代の星である巨大原始星が壮絶な最期を遂げた後も、宇宙の成長は続いた。宇宙空間に散らばった星間(せいかん)ガスや星間塵(せいかんじん)は再び集まり、新たな星を誕生させていった。そのプロセスを幾度となく繰り返す中で、水素やヘリウムのような軽い元素に加え、炭素・窒素・ケイ素・鉄などの元素も新たにつくられていった。

そうしてつくられた元素の量は、星全体の質量に比べればわずかな割合にすぎなかった。しかし、星の誕生と死が繰り返されるたびに、水素やヘリウム以外の物質も次第に増えていき、宇宙はさまざまな元素で構成されるようになった。

私たちの太陽もそんな天体の1つである。その直径は地球の約100倍、質量はおよそ33万倍もある巨大な恒星だが、宇宙には太陽より巨大な星がいくつも存在している。たとえば、古くからよく知られているさそり座のアンタレスの直径は太陽の230倍、くじら座のミラの直径は太陽の440倍オリオン座のベテルギウスの直径は太陽の800倍もの大きさだ。しかし、宇宙にはもっと大きな星がいくつも存在している。例を挙げるとすれば地球から約9500光年の距離にあるたて座で発見されているＵＹ星は太陽の約1700倍もの大きさだと考えられている。

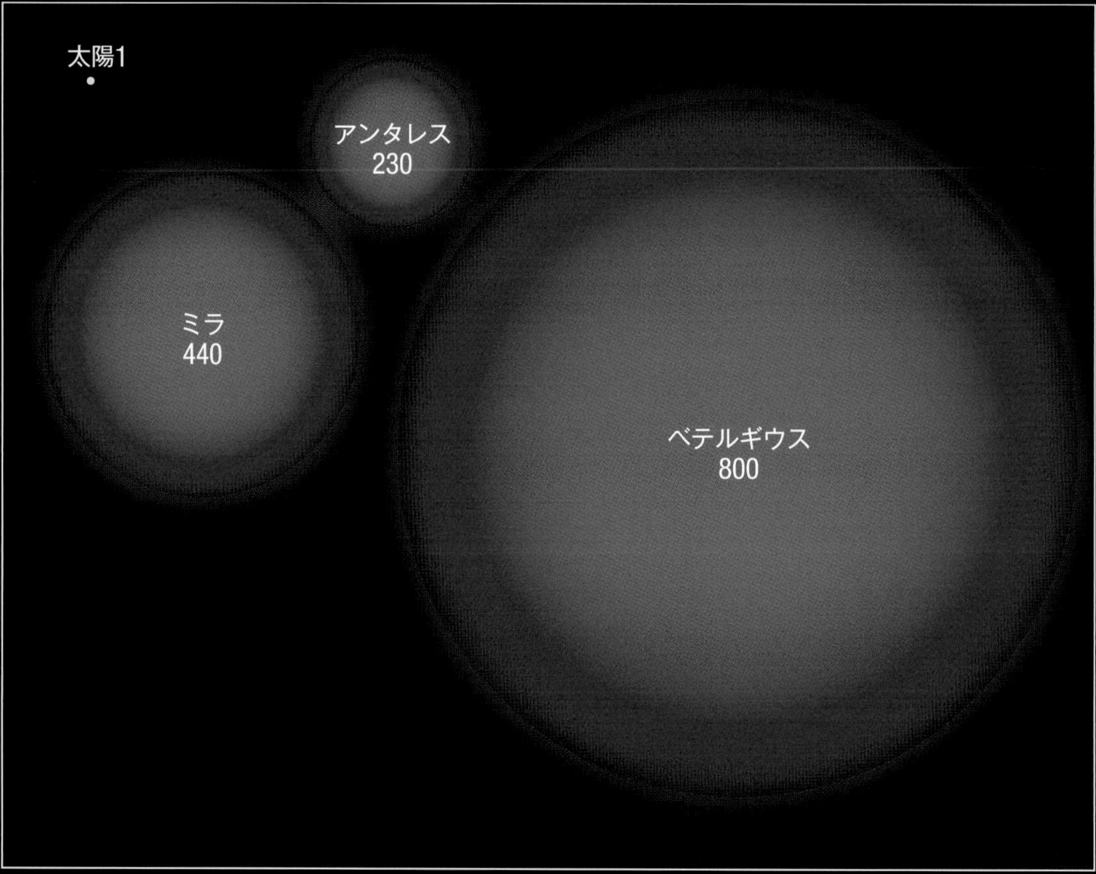

▲よく知られている赤色巨星と太陽の比較

これらの巨大な恒星は、いずれは超新星爆発を起こして、新たな星をつくる材料となる物質を宇宙にばらまくことになる。

宇宙を形づくっている物質は、宇宙が誕生して以来、新たな物質を加えながら幾度となくリサイクル利用されているのだ。

COLUMN

星の質量によって異なる超新星爆発の結果

宇宙の進化において、超新星爆発が大きな影響を与えていることは、ここまで説明してきたとおりだが、すべての恒星が赤色巨星（せきしょくきょせい）になり、超新星爆発を起こすわけではない。星の質量によって超新星爆発の結果に、次のような違いがあることがわかってきている。

①太陽質量が半分以下の星：赤色巨星にはならず、水素がヘリウムへと変換する核融合反応が終ると、残った中心部分が収縮して、そのまま白色矮星（はくしょくわいせい）になる。白色矮星とは、1㎤あたりの重さが1tもある高密度の天体だ。もはや核融合反応を起こすエネルギー源を失っているため、徐々に熱を失い、最後は黒色矮星（こくしょくわいせい）になると考えられている。黒色矮星はいわば完全に死に絶えた静かな天体で、電磁波も発しない。そのため、現在のところ実際に発見された例はない。

②太陽質量と同じ程度の星：段階的に核融合反応が進み、赤色巨星になった後、白色矮星になり、その後、黒色矮星となる。たとえば太陽は、あと50億年ほど主系列星（しゅけいれつせい）として光り輝いたのちに膨張して、水星を飲み込むほどの大きさの赤色巨星となった後に白色矮星になるとされている。

③太陽質量の数倍〜十数倍の星：核融合反応が進んで、ネオン・マグネシウム・ケイ素・鉄がつくられ、最後は超新星爆発を起こして中性子星（ちゅうせいしせい）となるか、極めて大質量の星はブラックホールになる。

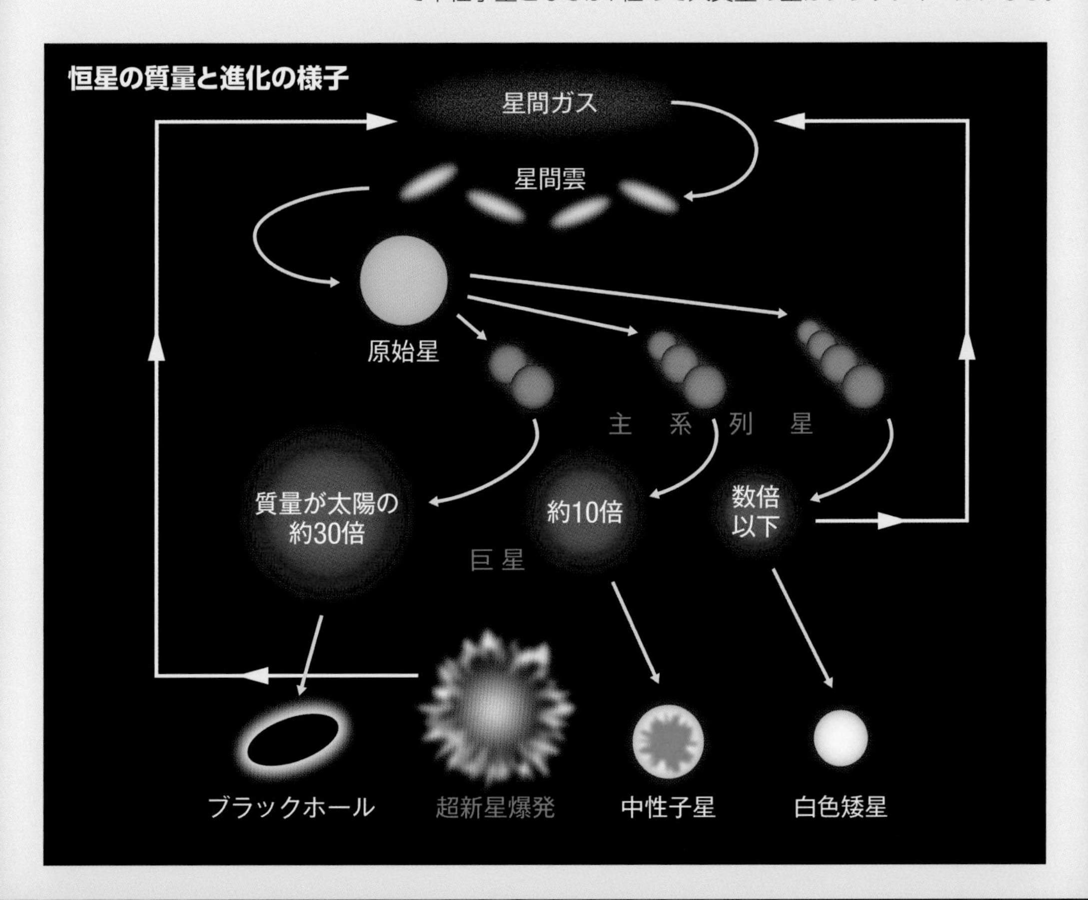

■星間物質と星雲

星間物質は星間ガスと星間塵からなっているが、星間ガスは水素やヘリウムの希薄なガスで、その密度は1㎤に水素原子1個程度にすぎない。一方、星間塵は直径0.1～1μm㊟ほどの固体微粒子だが、その総質量は星間ガスの100分の1程度とされる。

しかしこれら星間物質の分布には濃淡があり、たとえば天の川銀河全体では、総質量の10分の1にもなる。

そして星間物質が集まり、密度が濃くなっているところを星間雲という。この星間雲の直径は0.1～数十光年ほどで、密度は1㎤に水素原子が20～1000個、質量は太陽程度から太陽の数十万倍のものまであり、それらのうち、実際に観測されるものを星雲と呼んでいる。

星雲には、散光星雲、暗黒星雲、惑星状星雲などのほか、超新星残骸も含まれる。

㊟μm（マイクロメートル）＝1μmは10^{-6}mに等しい。

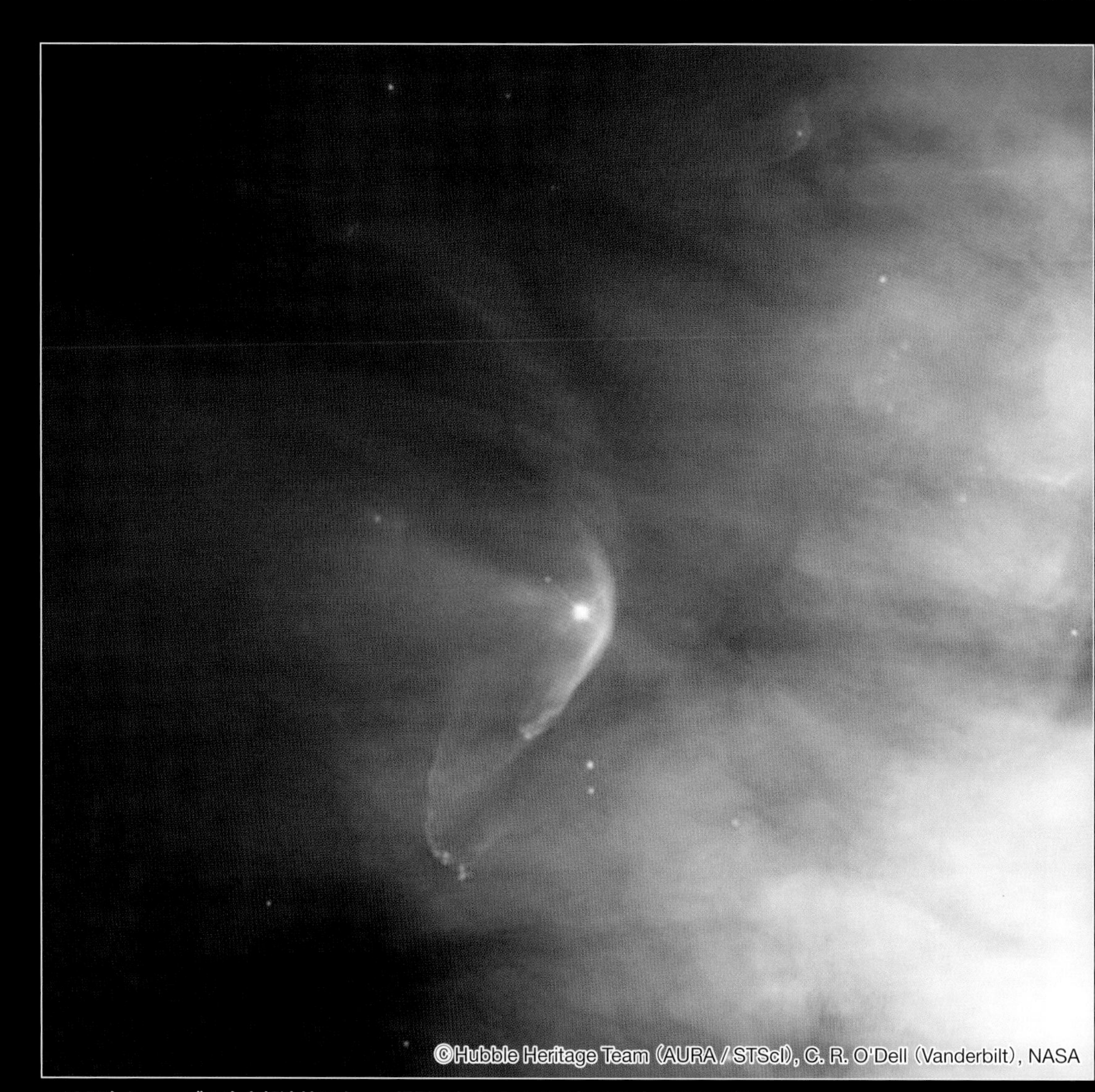
©Hubble Heritage Team (AURA / STScI), C. R. O'Dell (Vanderbilt), NASA

▲1995年にハッブル宇宙望遠鏡によって撮影されたオリオン座M42大星雲の一部
中心にある若い星「オリオン座LL星」が発する高速のガス（恒星風）の流れと、写真の右下にあるオリオン星雲の中心星団であるトラペジウムから流れ出したガスがぶつかることで、衝撃波により、星間物質が弧を描く様子が写し出されている。

●散光星雲

星間雲の近くに高温の星があると、星雲が光を放つ。そうした星雲を散光星雲と呼ぶが、たとえば、肉眼でも見える代表的な星雲として知られているオリオン座のM42大星雲は、トラペジウムという散開星団に属する4個の高温度星（恒星）によって輝いている。

オリオン座M42大星雲

地球からの距離1500光年

M42大星雲は、オリオン座の小三つ星付近に広がる散光星雲である。天の川銀河の中にあるが、推定年齢1万年の若い星雲で、太陽の数万倍の質量をもち、多くの星々が誕生しつつあると考えられている。右図中央がM42大星雲。その上にM43星雲も写っている。

©国立天文台

▶オリオン星雲の中央で、ひときわ明るく輝いているところに、4つの恒星を中心とする「トラペジウム」がある
生まれて数十万年の若い星々からなる散開星団だが、彼らが放つ光により、オリオン座M42大星雲は宇宙の中で、くっきりと浮かび上がって見えるのだ。

©NASA/JPL-Caltech

●暗黒星雲

天の川や散光銀河の手前にあって、近くに高温度の星がない星間雲は、背後から来る光をさえぎってしまうために黒い影として観測される。そのため、暗黒星雲と呼ばれる。

星間雲は周囲より低温で、水素やヘリウムのガスが存在しているほか、一酸化炭素、アンモニアや水などの元素も分子として存在しており、分子雲とも呼ばれている。

よく知られている代表的な暗黒星雲がオリオン座の馬頭星雲である。

馬頭星雲

地球からの距離1500光年

馬頭星雲は、オリオン座の方角にある暗黒星雲だ。背後にある散光星雲IC434の光が、暗黒星雲にさえぎられ、まるで馬の頭のような形に黒く見えるため、この名前がついた。馬の頭に見える部分は巨大な暗黒星雲の一部である。馬頭星雲の黒い色は多量の塵を含んでいるからであり、その内部では、新たな星が数多く誕生しつつあることが観測されている。

©国立天文台

●惑星状星雲

主系列星が膨張して赤色巨星になると、大量の物質がガスとなって宇宙に流れ出し、白色矮星となる。

その白色矮星が放つ紫外線に刺激され、ガスが輝き、星雲として観測される。これが惑星状星雲である。

惑星状星雲BD +303639

地球からの距離5000光年

BD+303639は、星の外層にあった太陽質量の4分の1ほどの物質が900年前に急激に放出され、今では太陽系の100倍ほどの大きさにまで広がっている。これが中心星に照らされて浮き輪のような形をした惑星状星雲として観測されているこのようにはっきりと輪が見える惑星状星雲は、環状星雲とも呼ばれている。

©国立天文台

● 超新星残骸

超新星爆発を起こした恒星が放出したガスが周囲のガスと混ざって、淡く輝く星雲をつくることもある。それらは、超新星残骸と呼ばれている。

超新星爆発が起きると、3万㎞/sという、光速の10%の速さで星をつくっていた物質のほとんどをガスにして吹き飛ばしてしまう。そのときの温度は1万Kだが、ガスの前面にできる衝撃波のために数百万Kに加熱されて光を放つ。

しかし、その衝撃波も徐々に弱まり、数十万年から数百万年もすると消えてしまい、ばらまかれた物質は、最終的には、膨張していった先にもともとあった星間物質と混じり合っていく。

よく知られているのが、へびつかい座の方向の銀河系内に出現したケプラーの超新星SN1604である。この超新星は1604年10月9日にドイツの天文学者ヨハネス・ケプラーによって観測されたが、18か月にわたり肉眼で見ることができたと記録されているが、現在では下に示す写真のように、ガスが急速に宇宙空間に広がっていく様子が観測できる。

超新星残骸　ケプラーの超新星SN1604

地球からの距離2万光年以内

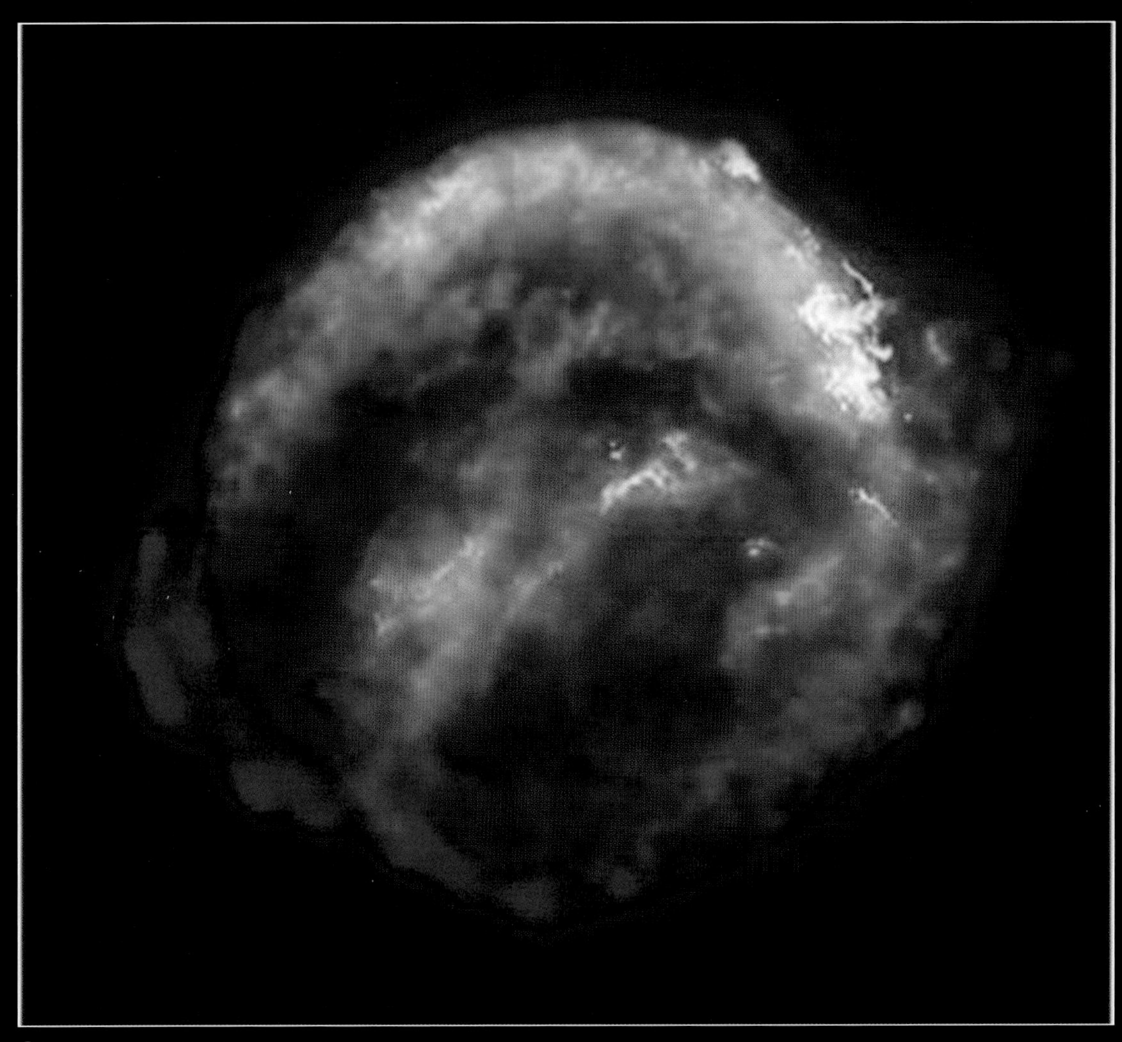

© NASA/ESA/JHU/R.Sankrit & W.Blair

■宇宙の進化に欠かせない超新星爆発

慶應義塾大学大学院理工学研究科の指田朝郎（2012年度修士課程修了）、同理学部物理学科の岡朋治准教授らの研究チームは、2013年に、わし座にある超新星残骸W44（太陽系からの距離は約1万光年）と分子雲が重なる領域を観測し、全域において速度幅の広いスペクトル線などを検出することに成功した。

そして、それらのデータを分析することで、超新星爆発の衝撃波が分子雲の中を12.9±0.2km/sの膨張速度で広がっていることや、超新星爆発によって星間物質に10^{50}erg㊟の1～3倍もの運動エネルギーが与えられていることを解明した。

太陽が1秒間あたりに放出するエネルギーは約3.6×10^{33}ergである。それに比べて超新星爆発のエネルギーかいかに膨大なものかがわかるだろう。

しかし、こうした超新星爆発は宇宙では決して珍しいことではない。

実際、人類はこれまで何度もその瞬間を目撃してきたし、それを記録に残している。

㊟erg（エルグ）はエネルギーの単位。1erg＝10^{-7}J（ジュール）

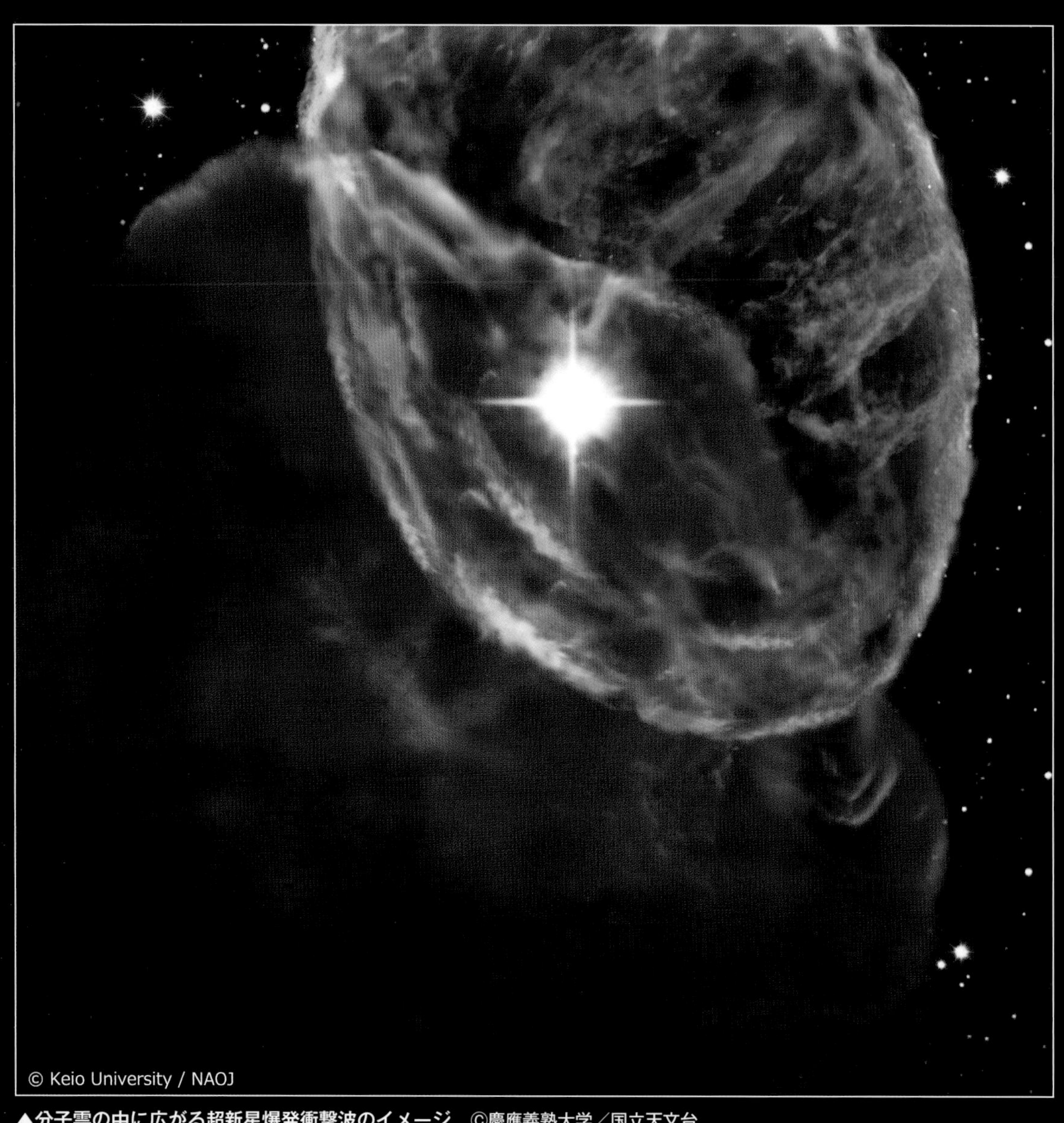

▲分子雲の中に広がる超新星爆発衝撃波のイメージ　©慶應義塾大学／国立天文台

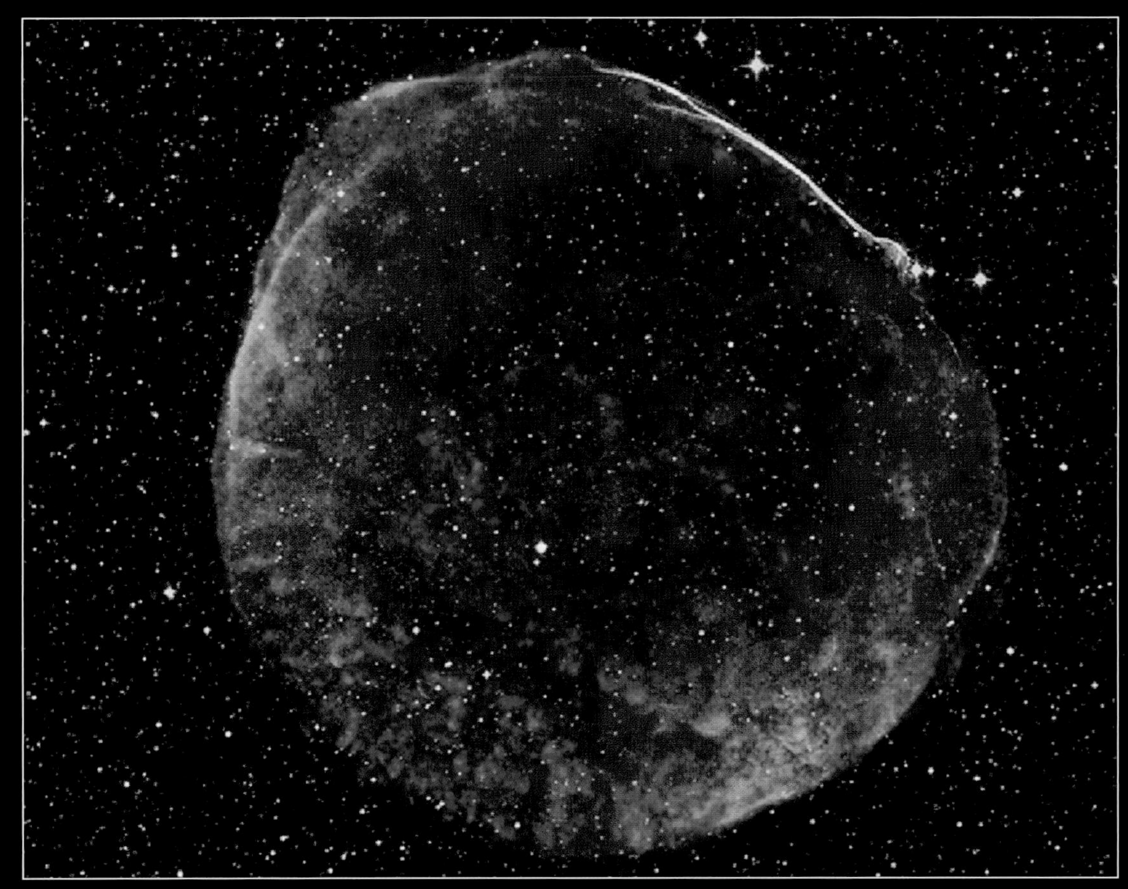

▲超新星（SN1006）の爆発の残骸のイメージ　©NASA/Chandra

上の画像は、おおくま座領域にある天体SN1006の現在の姿を、観測データをもとにしてイメージ化したものである。地球からSN1006までの距離はおよそ7200光年で、今でこそ、肉眼で見ることはできないが、実は、かつて超新星爆発を起こして世界中の人々を驚かせた過去をもっている。

それは、1006年（寛弘三年）4月30日から5月1日にかけての夜のことだった。突然、夜空で輝き始めたのだ。その記録は、中国の歴史書『宋史』にも残されているし、スイス、エジプト、イラクなどでも記録されている。また日本では、陰陽師・安倍吉昌が観測したと伝えられ、約200年後の1230年（寛喜二年）には、藤原定家が『明月記』第五十二巻（寛喜二年冬記）の中で、「客星」（見慣れない星）の出現として書き残している。最盛期には昼間でも観測できるほどの明るさになり、それが3か月ほど続き、その後いったん暗くなったものの、再び明るくなり、さらに約18か月輝き続けたという。

そのSN1006の出現から1000年後の2006年、日本のX線天文衛星「すざく」による残骸の観測も行われた。下の画像は、そのとき、「すざく」が撮影したSN1006のX線イメージである。

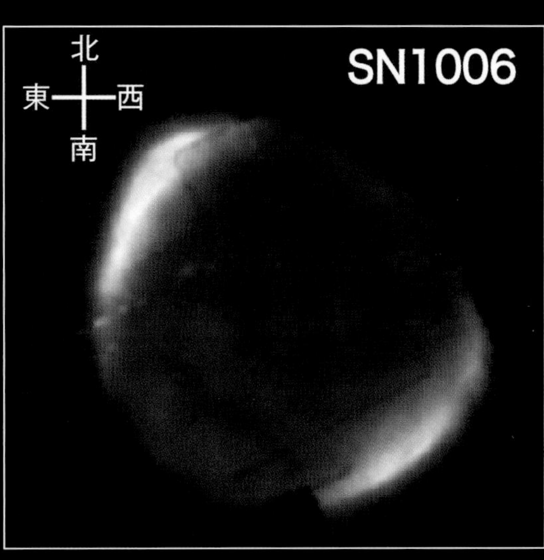

▲すざくが撮影したSN1006　©京都大学、内田裕之

▲ハッブル宇宙望遠鏡で撮影されたかに星雲
©NASA, ESA, J. Hester and A. Loll (Arizona State University)

また藤原定家は、1054年(天喜二年)の超新星爆発についても書き残している。その年の1054年7月4日に客星が現れ、1056年4月5日に消えたというのである。

それは、おうし座で起きた超新星爆発が放った光だったと考えられている。そして今そのときの残骸は「かに星雲」と名づけられ地球からおよそ7000光年離れたところに観測されている。

このかに星雲の中心部には「かにパルサー」と呼ばれる中性子星を伴っている。その光度は16等級で、1秒間に30回という高速回転をしながら強力な電波やX線を発すると同時に可視光線で星雲全体を照らし、現在も膨張を続けている。

パルサーとは

パルス状の可視光線、電波、X線を発生する天体の総称。超新星爆発後に残った中性子星がその正体だ。極めて規則正しい、安定した発光間隔をもっているため、宇宙の灯台にもたとえられる。

自転エネルギーによって電波・X線を発しているパルサーや、連星を伴っており、その星から中性子星にガスが流れ込むことでX線を放射するパルサー、あるいは極端に強い磁場をもち、そのエネルギーが放射の源となっているパルサーなどの種類があると考えられている。

▲連星からガスが流れ込むことでX線を放射しているパルサーのイメージ ©国立天文台

COLUMN

超新星爆発とニュートリノ仮説

2002年に小柴昌俊東京大学名誉教授が自ら設計した観測設備「カミオカンデ」でニュートリノをとらえたことでノーベル物理学賞を受賞した。それは1987年2月に、大マゼラン星雲で起きた超新星爆発を観測した結果だったが、超新星爆発のエネルギーは、大質量の恒星がその生涯の最期に中心部が急激に収縮する際、中心部から大量に放出される大量のニュートリノによって生み出されているのではないか、という仮説も立てられている。

①鉄の中心核ができ、熱で鉄がバラバラに分解される反応が進み、赤色巨星の重力崩壊が始まる。

②内部の密度が高まると透過率の非常に高いニュートリノですら星の中から自由に抜け出せなくなる。

③圧力が10^{14}g/㎤に達すると、原子同士が合体して半径10㎞ほどの高密度の中性子星となるが、外側から落ち込んでくる鉄の元素が星の表面で跳ね返り、衝撃波を発生させる。

④衝撃波によって鉄が高温になると陽子と中性子に分解され、その結果として非常に大きなエネルギーが失われて衝撃波は失速する。その弱まった衝撃波を再度復活させ、最終的に超新星爆発を引き起こすのが、ニュートリノによる加熱である。この加熱により対流が起こり、対流がさらに加熱を促進することで衝撃波が成長する。

▼ニュートリノ説による大質量星の重力崩壊の模式図

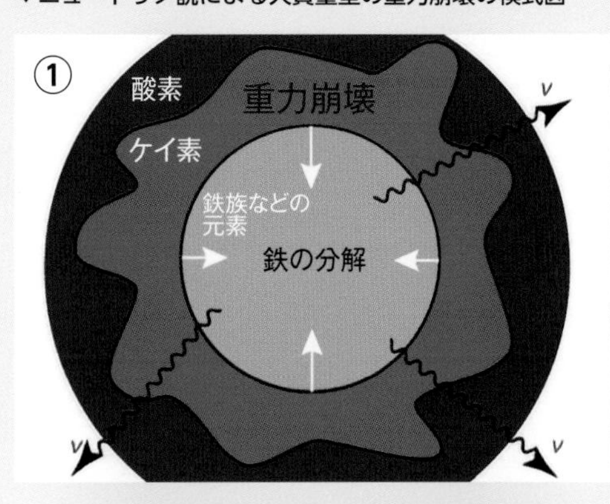

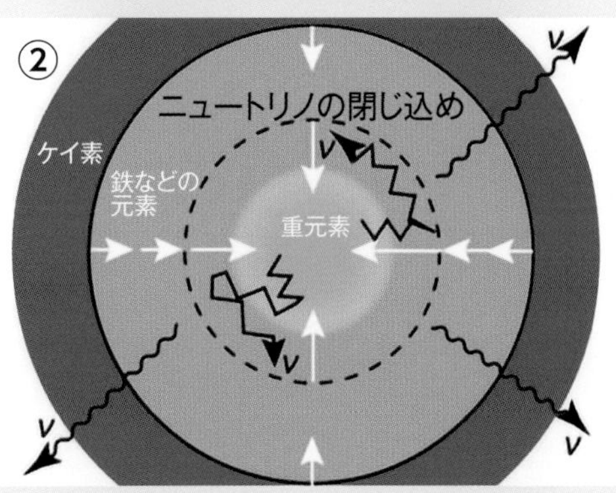

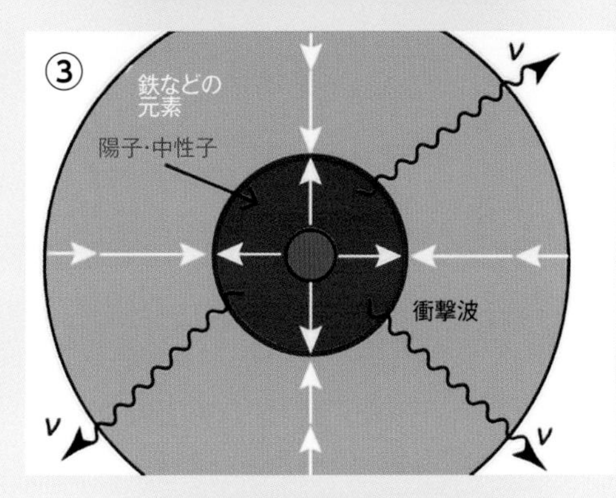

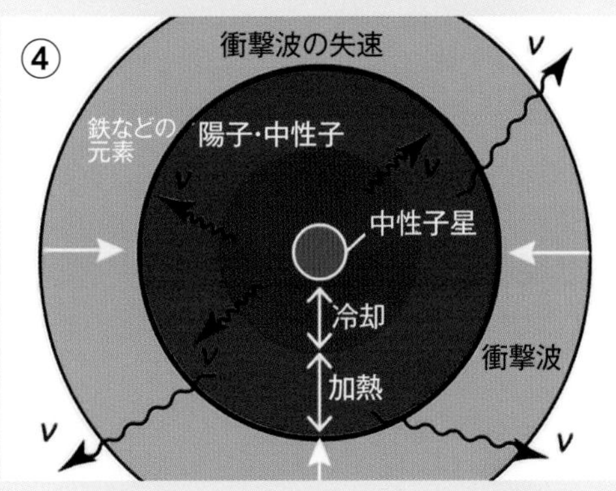

©国立天文台

■宇宙初の銀河の出現

▲渦巻銀河形成のシミュレーション画像
©齋藤貴之／武田隆顕／額谷宙彦／国立天文台４次元デジタル宇宙プロジェクト

ビッグバンからおよそ数億年が経ったころ、宇宙に初めて銀河が出現したと考えられている。

銀河とは、恒星や白色矮星、中性子星、ブラックホール、ガス状の星間物質や宇宙塵や惑星、衛星、さらには謎の物質であるダークマターなどからなる巨大で複雑な天体構造である。

その銀河が誕生する直前の宇宙空間に広く漂っていた星間物質は、水素とヘリウムが99%を占めていたが、第一世代の恒星たちがその終末に超新星爆発によってばらまいた重い元素類も1%ほど含まれていた。

それらの物質の分布には濃淡のむらがあった。そして物質の分布が濃い部分にどんどん集まり、分子雲がつくられ、やがて天体を形づくっていった。

そのプロセスは、原始星がつくられていったプロセスと基本的には同じである。

分子雲の典型的な大きさは直径が約100光年で、質量は太陽の約10万倍、温度は25K（－258℃）ほどだと考えられている。

たとえば地球から1500～1600光年の距離にあるオリオン座分子雲は、大きさは数百光年、質量は太陽の10万倍以上もあると考えられている。

私たちの天の川銀河も、そんな分子雲の中から生まれてきたわけだが、最初期の銀河は短い期間のうちに数多く出現したものの、不定形で小さなものが多かったと考えられている。それが衝突や合体を繰り返して、より大きな構造へと成長していったのだ。

●天の川銀河形成のシミュレーション　（国立天文台『渦巻銀河の形成 ver.3』より）

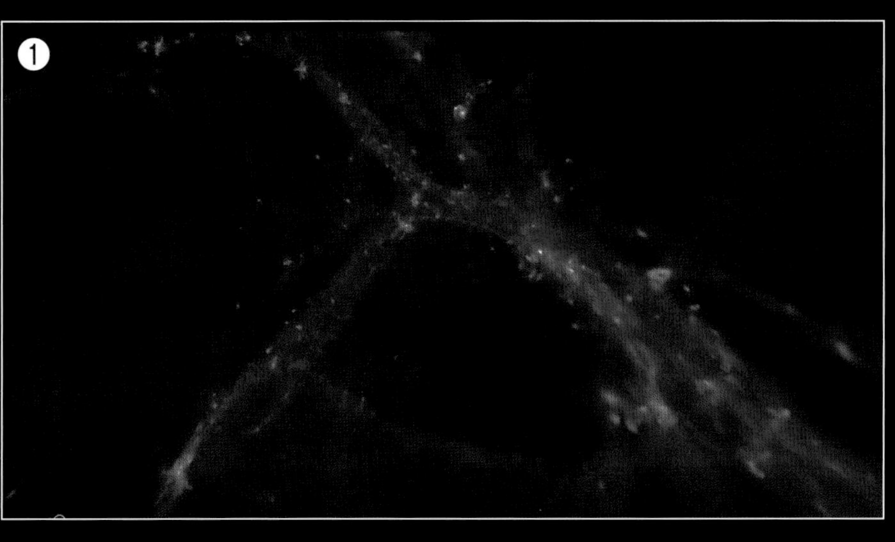

宇宙が誕生して間もないころ、宇宙にはほぼ一様に物質が分布していたが、わずかな密度のゆらぎが存在していたため、密度が大きい部分から次第に重力により物質（ガス）が集まっていった。

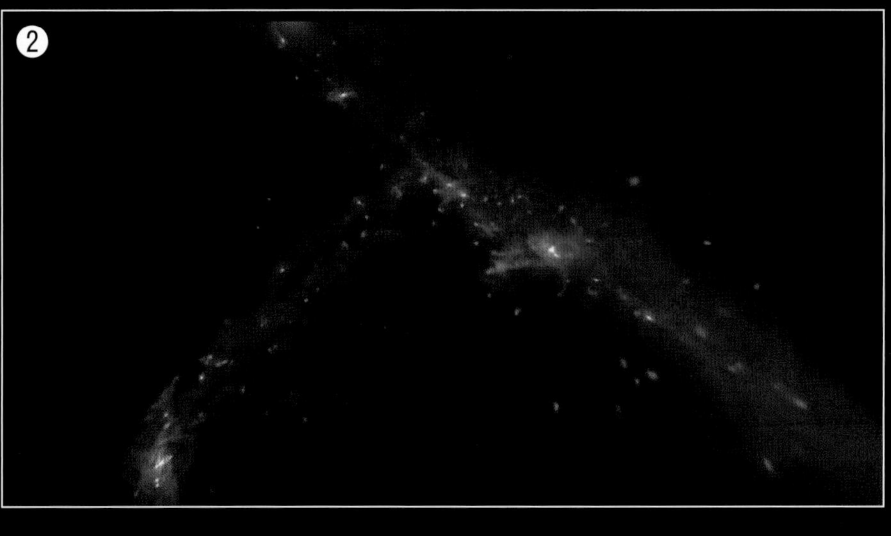

物質の集中が徐々に加速され、より多くの物質が集まったところでは温度の上昇が始まり、ガスの密度が十分に高くなったところで星が誕生して光を放ち始める。

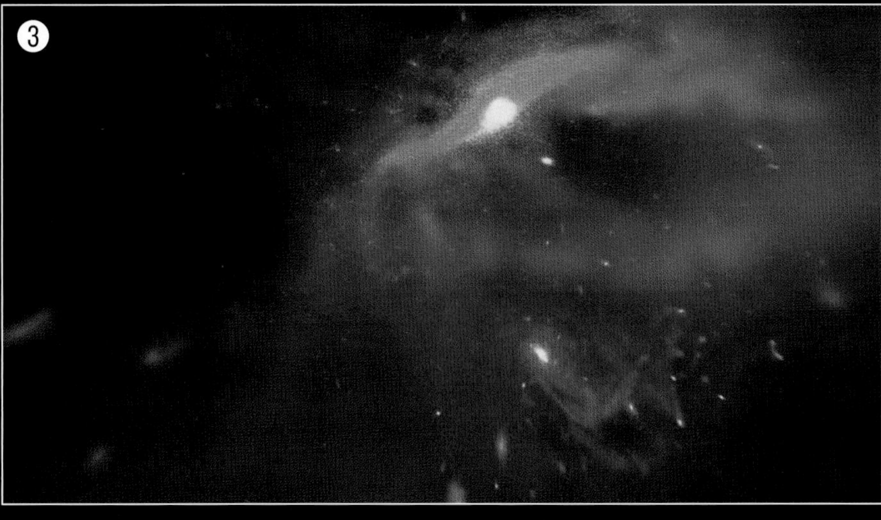

ガスが集まる過程で円盤状となる。この円盤のそばを小さな銀河が通過すると、その重力の影響で円盤の中に渦巻き状の構造が生まれる。また円盤の中で星が誕生し、小さな銀河の形成が始まる。

やがて小さな銀河同士の衝突が起きる。

その小さな銀河同士が合体し、次第に大きな銀河を形成していく。

銀河が完成。言うまでもなく私たちの天の川銀河（銀河系）もそんなプロセスを経て誕生した。

「渦巻銀河の形成 ver.3」、可視化：武田隆顕・額谷宙彦　シミュレーション：斎藤貴之

■現在の宇宙には銀河はどれほど存在しているのか

それにしても宇宙にはどれぐらいの数の銀河が存在しているのか……。1990年代半ばまでは、天文学者の間では「その数はおよそ1000億個から2000億個」とされていた。この数は、ハッブル宇宙望遠鏡が1995年12月18日～28日に撮影した342枚の画像を組み合わせて分析することで出された数だった。

しかし2016年になって、NASAは、それをはるかに超える数の銀河が存在している可能性を発表した。イギリスのノッティンガム大学のクリストファー・コンセーリチェ教授が率いた研究チームが、ハッブル宇宙望遠鏡で20年以上かけて収集された画像データを使用して3Dモデルを作成したうえで、観測可能な宇宙にある銀河の数を再測定したところ、宇宙に存在する銀河は2兆個を超えるという結果が出たのだという。

下に示すのは、ハッブル宇宙望遠鏡がとらえた、数十億光年の宇宙空間に広がっている銀河の姿だ。これだけでもとらえられている銀河の数は何千個に及ぶ。だが、現在観測可能な宇宙の広がりは宇宙の10%にすぎず、残りの約90%を考慮すると、銀河の総数は2兆個を超えるというのである。

果たしてそれだけの銀河が存在しているのかどうかは、今後のさらなる研究を待つしかないが、少なくとも宇宙には膨大な数の銀河が存在していることは間違いない。

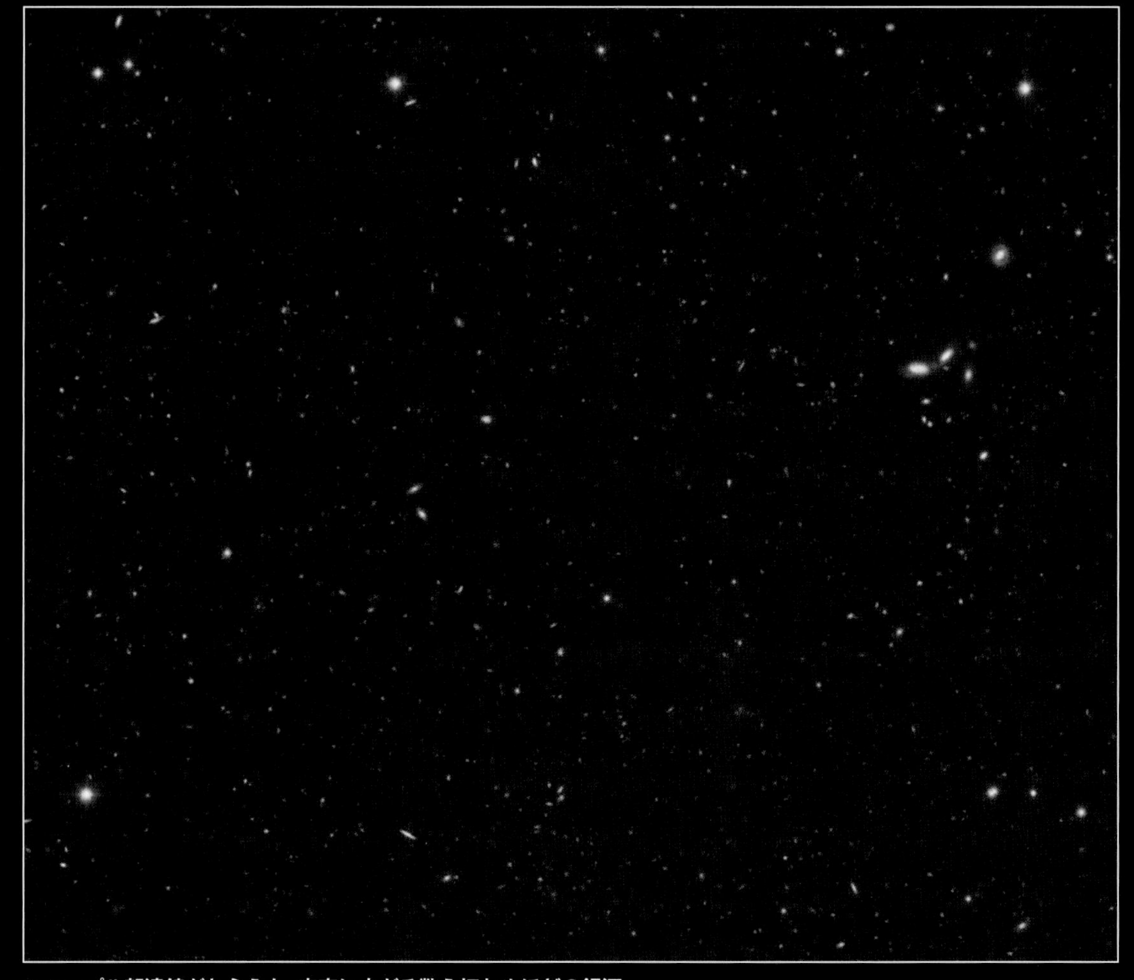

▲ハッブル望遠鏡がとらえた、宇宙に広がる数え切れぬほどの銀河
©NASA, ESA, the GOODS Team, and M. Giavalisco (University of Massachusetts, Amherst)

地球から最も遠い銀河!?

2006年、すばる望遠鏡で銀河「IOK-1」が発見され、それまでに発見された銀河のどれよりも、地球から遠い位置にある(つまり古い銀河である)と発表された。

このIOK-1は、地球から距離にして約128億8000万光年に位置しており、宇宙ができてから約7億8000万年後に誕生したと考えられている。またそのとき、その時代の銀河の数が、それから約6000万年後の数と比べても少ないことも発表された。

ビッグバンから数十億年程度の宇宙に見られる銀河の数は、現在の宇宙で見られる数の10倍ほどもあるが、それらの大半は、質量の小さな暗い銀河であることがわかっていた。つまり、初期の宇宙では多くの銀河が誕生したが、その後、合体を繰り返すことで次第に数を減らすとともに、より大きな銀河を形成していったということである。

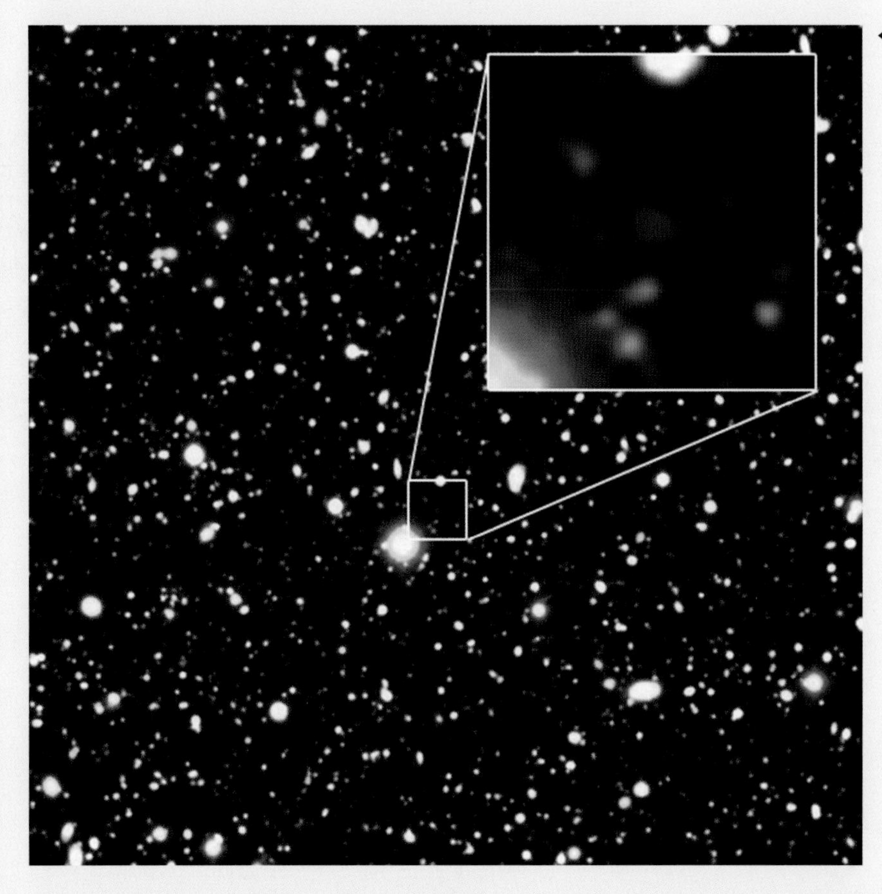

◀すばる望遠鏡がとらえた銀河IOK−1
(拡大画面の中央にある赤い銀河)
©国立天文台

国立天文台の家正則(いえまさのり)教授、東京大学大学院生の太田一陽(おおたかずあき)、国立天文台の柏川伸成(かしかわのぶなり)主任研究員らのグループが、国立天文台ハワイ観測所が運用するすばる望遠鏡を使って発見した

さらにその後も、新旧さまざまな時代の銀河の発見は続いた。NASAは2016年に、「観測可能な宇宙の範囲内にある銀河の数は2兆個ある」と発表したが、その数は、それまでに推定されていた2000億個をはるかに超える数だった。

2017年には、銀河A2744_YD4(右ページ参照)が、134億年前に誕生したものであることがわかった。またA2744_YD4銀河内に含まれる塵(ちり)や酸素が放つ電波を分析した結果、私たちの住む天の川銀河と比べ、星の生成が10倍ほども活発で、多くの星が誕生していたらしいことも判明している。

▲132億光年先の銀河A2744_YD4と、その周囲に広がる銀河団エイベル2744
©ALMA(ESO/NAOJ/NRAO),NASA,ESA,ESO and D.Coe(STScI)/J.Merten(Heidelberg/Bologna)

上の画像の左上に写っているのが銀河A2744_YD4。拡大図では、アルマ望遠鏡によって観測された酸素と塵が放つ電波を赤色で表現している。このA2744_YD4は、2015年にハッブル宇宙望遠鏡で発見されていたが、2017年にイギリスのユニバーシティ・カレッジ・ロンドンのニコラス・ラポルテ研究員らの研究チームがアルマ望遠鏡で観測することにより、134億年前に誕生したことを明らかにした。

その事実は、欧州南天天文台の超大型望遠鏡「VLT(Very Large Telescope)による追加観測でも確認されている。

■ 銀河で繰り広げられる大イベント「スターバースト」

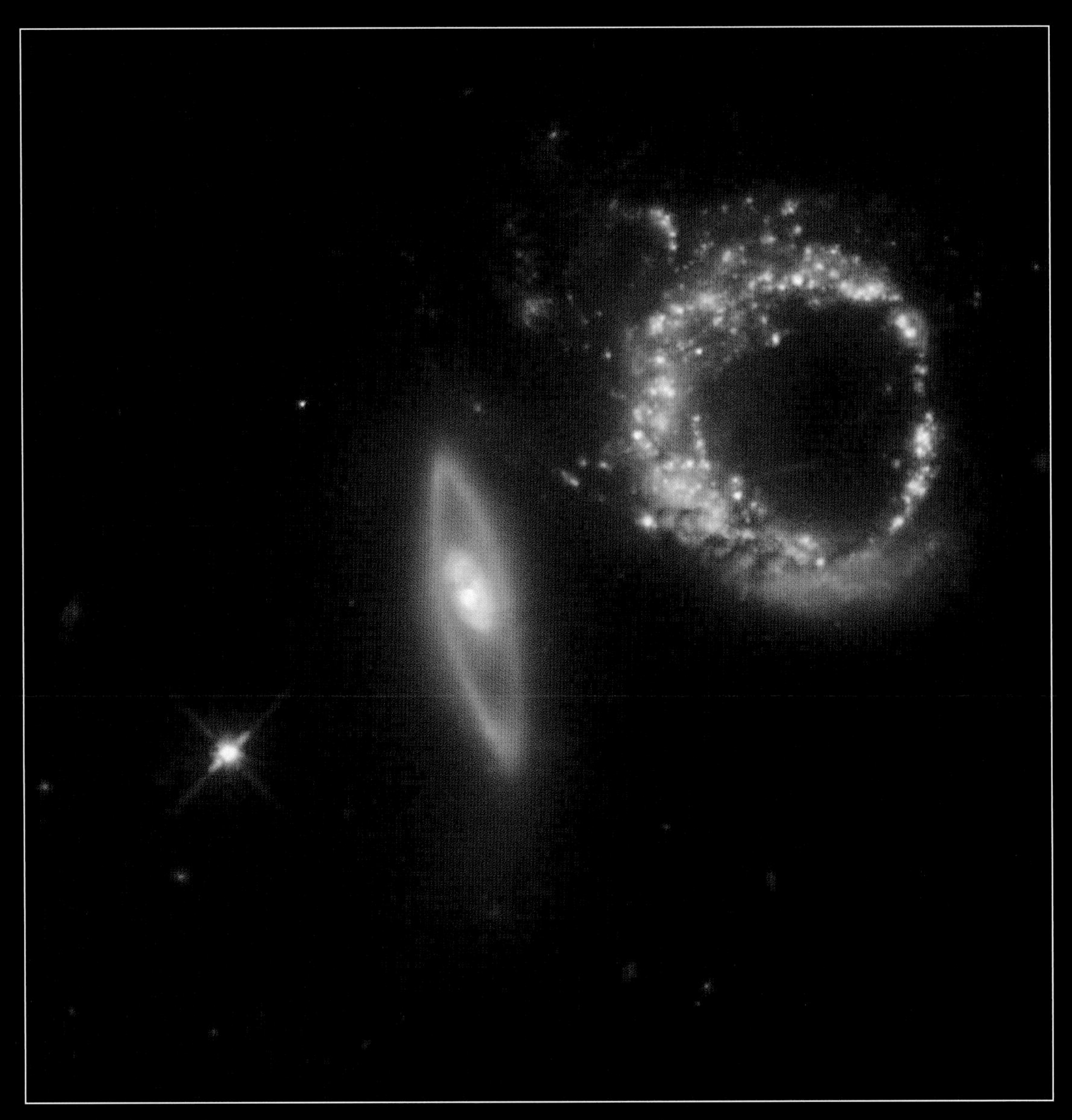

▲ハッブル宇宙望遠鏡がとらえた「Arp 147」 ©NASA, ESA, and M. Livio (STScI)

銀河形成の過程では、「スターバースト」(爆発的星形成)という大イベントも起きる。銀河同士が接近したり、衝突したりすることによって、星を構成する星間(せいかん)ガスや星間塵(じん)が短期間に大量にでき、一斉に星が誕生する現象だ。

こうして、大量に星を生み出す銀河は「スターバースト銀河」と呼ばれる。

上の画像に写っている「Arp 147」は地球から4億光年以上離れた星座「くじら座」にあり、2つの銀河からなっている天体だ。

右の銀河の空洞は、左の銀河が衝突して突き抜けた跡で、右の銀河の青いリングの左下にある赤みを帯びた部分は、衝突したときに右の銀河の核が散らばったものだと考えられている。

またリングの青い部分には、衝突時の衝撃で形成された若い大質量の星々が存在しており、まさにスターバーストが起きている状態だと見られている。

▲おおくま座のM81とスターバースト銀河として知られるM82　©GALEX Team, Caltech, NASA

上の写真は、おおぐま座の「M82」(上)と「M81」(下)の画像だ。こちらもスターバースト銀河として知られている。

画像の下に大きく写っている銀河M81が、図像の上に写っているM82と接近した結果、M82のスターバーストが活発化して、中心部から激しい勢いで放射線を放出していることが観測されている。ここまでもまた、新たな星々が次々と誕生していると考えられている。

宇宙において、このようなスターバーストが起きるのは決して珍しいことではない。また、その姿も実にさまざまだ。

次ページに、スターバーストが起きる大きなきっかけとなる銀河同士の衝突シーンの数々を紹介する。これはハッブル宇宙望遠鏡によって撮影された銀河同士の衝突シーンだが、決して一様ではないことがわかるだろう。

そしてまた、銀河の衝突の仕方によって、星間ガスや星間塵のでき方も違ってくるし、その後、どのような形でスターバーストが進行し、どんな星がつくられていくかも変わっていくと考えられている。

▲ハッブル宇宙望遠鏡が撮影した衝突する銀河の数々

©NASA, ESA, the Hubble Heritage（STScI/AURA）-ESA/Hubble Collaboration, and A. Evans（University of Virginia, Charlottesville/NRAO/Stony Brook University）

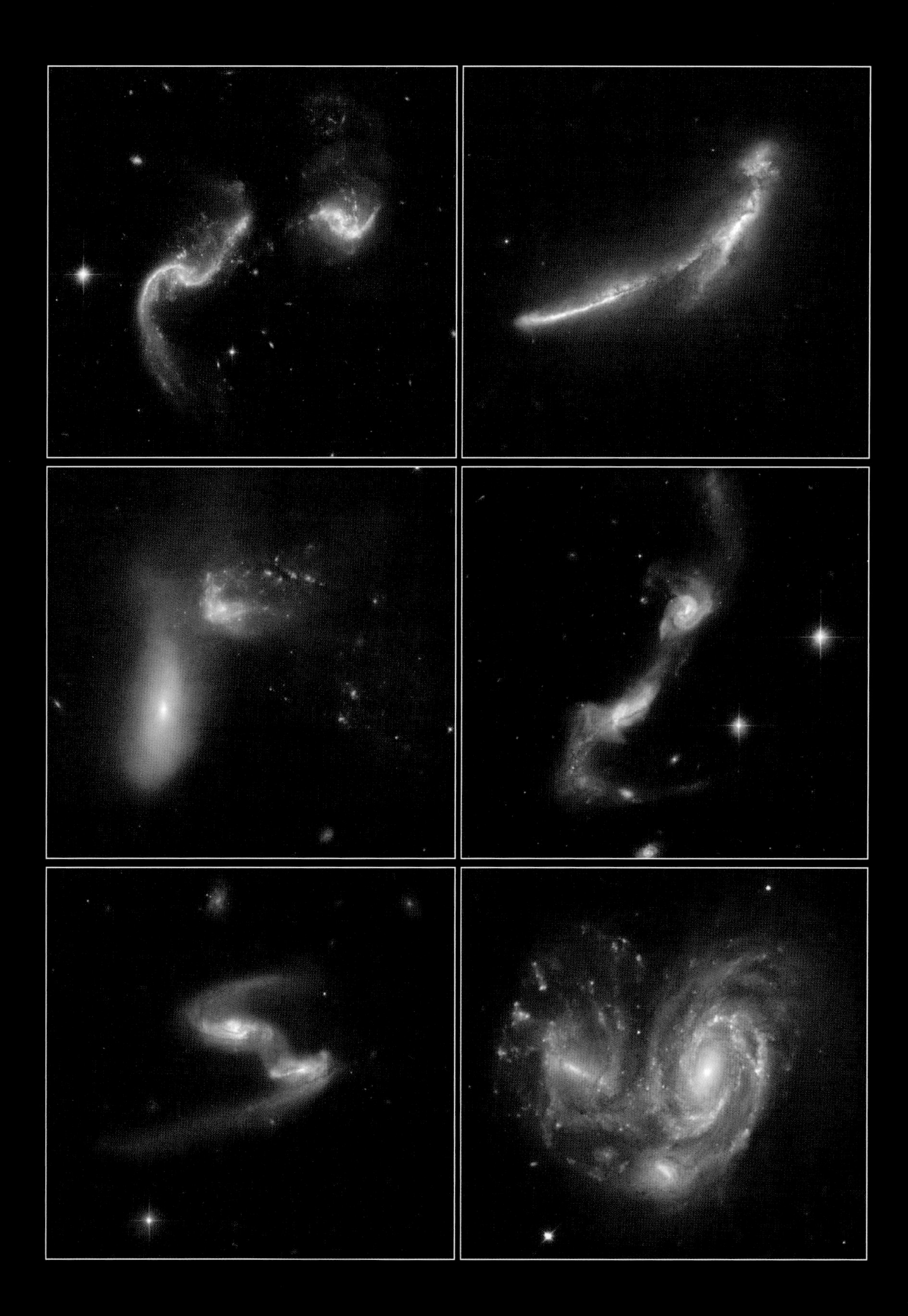

■銀河の分類

宇宙にはさまざまな銀河が存在しているが、その形状によって、渦巻銀河、楕円銀河、そのいずれにも属さない不規則銀河などに分類されている。

渦巻銀河

全体が円盤状に見える銀河は渦巻銀河と呼ばれている。中央にバルジと呼ばれる構造をもっており、そのバルジから外側に向かって螺旋を描くように、渦状腕と呼ばれる構造が見られる。これは星が多く分布している部分とそうでない部分があるために生じた模様だ。

▲アンドロメダ座のM31銀河

▲かみのけ座のNGC4565銀河

天の川銀河で見る渦巻銀河の特徴

天の川銀河も、この渦巻銀河に分類されるが、その中心には恒星や散開星団、あるいは星間物質などが多く集まり、厚くなっている。バルジと呼ばれる構造である。

また、その外側の半径約7.5万光年の球状部分にも多くの球状星団などが分布しており、これをハロー構造と呼んでいる。

散開星団とは、分子雲から同時に生まれた星同士がまだお互いに近い位置にある状態の天体、球状星団とは、恒星が互いの重力で球形に集まった天体のことをいう。

こうした特徴は、天の川銀河に限らず、渦巻銀河のほとんどに共通する特徴だ。

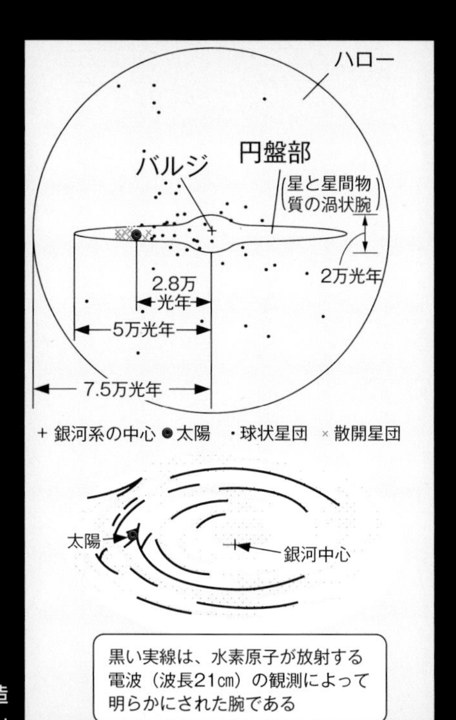

▶渦巻銀河がもつバルジ構造とハロー構造
『ひとりで学べる地学』(清水書院)より

楕円銀河

楕円銀河は、全体として楕円形をしている。たとえば、おとめ座にあるM49がそうである。その形状は球形に近いものから、扁平なものまでさまざまだ。

▲おとめ座のM49銀河

▲おとめ座のM59銀河

不規則銀河

渦巻銀河とも楕円銀河とも異なる特徴をもつ銀河をまとめて不規則銀河と呼ぶ。星がまばらにしか存在しないために不規則な形に見えたり、2つの銀河が接近して重力の影響で形が崩れてしまったもの、あるいは特定の場所に集中して恒星ができたために歪(いびつ)に見える銀河などだ。

▲おおくま座のM82銀河

▲からす座のNGC4038銀河とNGC4039銀河

たとえば、上左に示したおおくま座のM82銀河は、数千万年前に巨大なM81銀河と接近遭遇したため、その重力が現在のような形となり、新たな星が次々と誕生するスターバーストの状態になっていると考えられている。また、上右に示したからす座のNGC4038銀河とNGC4039銀河は、2つの銀河が衝突することでお互いに潮汐力(ちょうせきりょく)を及ぼし合って、2本の長い渦状腕を形成している。

画像はすべて©国立天文台

■宇宙の大規模構造

ここまで紹介してきた銀河は宇宙に一様に分布しているわけではない。密集しているところと、まばらに分布しているところがあることがわかっている。かといって、まったく無秩序に散らばっているわけでもない。

その構造を詳しく調べると、どうやら大きな構造をもっていることがわかってきており、「宇宙の大規模構造」と呼ばれている。

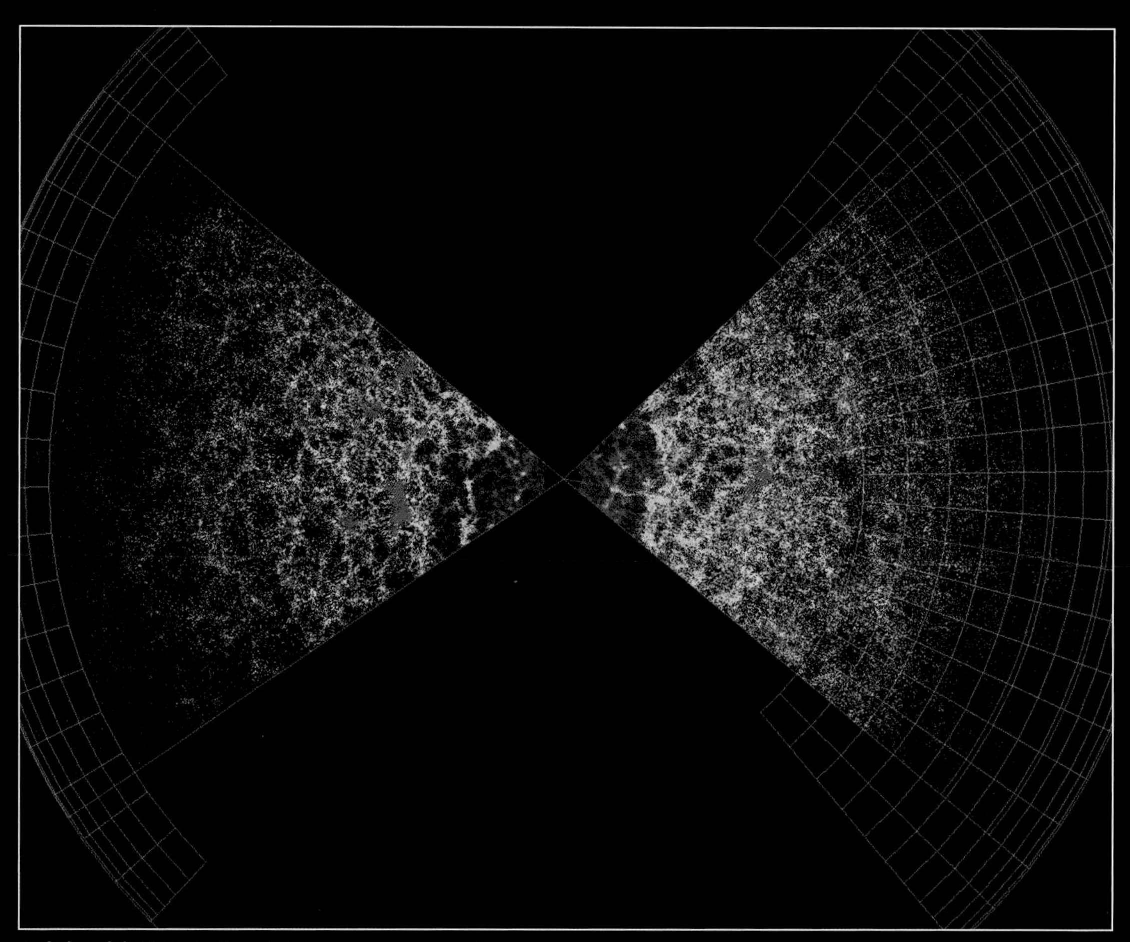

▲**宇宙の大規模構造**　「The 2dFGRS Image Gallery」http://magnum.anu.edu.au/~TDFgg/ より転載
図の上下にある黒い部分は未観測領域で観測データがないために示されていないが、実際にはこの領域にも宇宙の大規模構造が広がっていると考えられる。

1997年から2002年にかけて、シドニーのアングロ・オーストラリアン天文台で「2dF銀河赤方偏移サーベイ」が実施された。

このプロジェクトは、多数の銀河の赤方偏移を測定・観測するというものだったが、その結果、宇宙全体も大規模な構造をもっていることもわかってきた。

上の画像の中心は私たちの住む銀河系だ。そして、左右に扇状(おうぎじょう)に広がっていく領域の中の点は、それぞれが1つの銀河である。これを見ると、銀河の密集した場所(赤い点)や少ない場所(青い点)、あるいは銀河がまったく存在しない場所(黒い部分)が存在していることがわかるだろう。

銀河は決して一様に分布しているわけではないのである。

では宇宙の構造はいったいどうなっているのか?

多くの研究者が、その謎に挑んできたが、今では次のように考えられている。

銀河は数十個ほどかまとまって銀河群（局部銀河群）を形成、その銀河群が集まって銀河団を形づくる（銀河の数が数千個規模になることもある）。

さらに銀河団は1億光年の大きさに及ぶ超銀河団を形成している。

たとえば、私たちの天の川銀河は、アンドロメダ銀河やさんかく座銀河などを含む50個ほどの大小の銀河ともに銀河群を形成しているが、そうした銀河群が集まっておとめ座銀河団を形成。そのおとめ座銀河団はさらに他の銀河団とともに超銀河団（ラニアケア超銀河団）を形づくっていると考えられている。

こうした超銀河団は、ペルセウス座・うお座超銀河団やうみへび座・ケンタウルス座超銀河団など、多数発見されているが、さらにその超銀河団は数億～十数億年ほどの何もない領域（超空洞＝ボイト）の外に立体的で網目状の構造を形成していることもわかってきた。

シャボン玉にたとえるなら、泡の中がボイドで、超銀河団はその泡の表面上を取り巻くように、まるでフィラメント（糸状の構造）のように分布しているのだ。

さらに、いくつものボイドが、シャボン玉を泡立てたときのように幾重にも積み重なり、観測できる宇宙の果てまで広がっている。それが「宇宙の大規模構造」である。

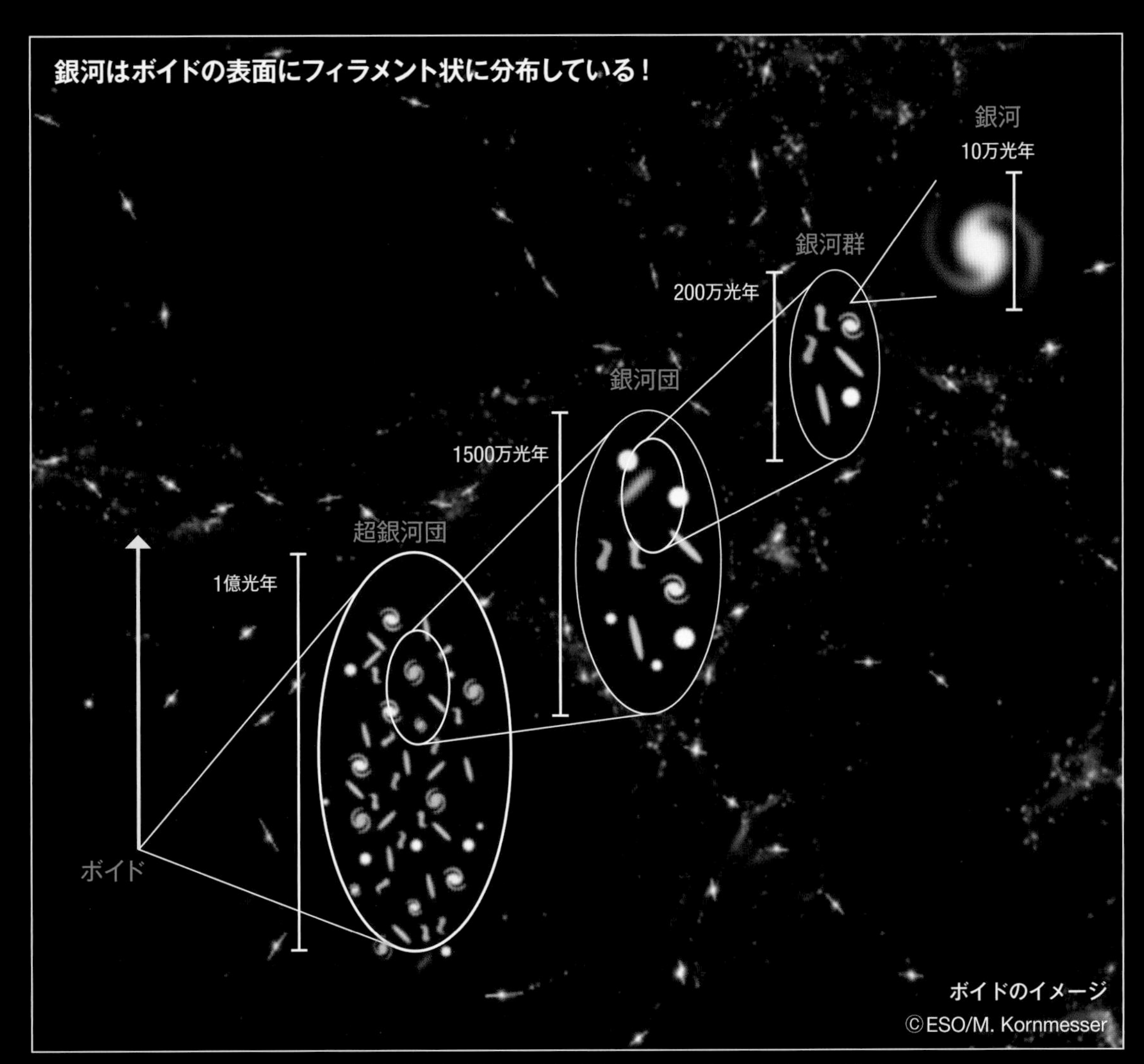

宇宙にはほとんど物質が存在しない「ボイド（空洞）」が泡のように多数存在しており、その表面に超銀河団がフィラメント状に分布している。そのボイドの広がりは1億光年スケールのものから10億光年スケールのものまでさまざまなスケールのものが観測されている。

■宇宙をつくるのに欠かせなかった「謎の物体・ダークマター」

▲ダークマターのイメージ　©ESO/L.Calçada
中心に描かれているのは天の川銀河。それを包むように青く描かれているのがダークマター。

宇宙の構造が次々と解明されるにつれて大きな問題が浮上してきた。それは、「宇宙の大規模構造をつくるには、観測される質量をすべて合わせてもとても足りない」という問題だった。

その疑問に最初に答えたのは、スイス国籍の天文学者であるフリッツ・ツビッキー（生没年：1898～1974年）だった。

彼は、アメリカのカリフォルニア州にあるウィルソン山天文台で、かみのけ座銀河団に属する銀河（地球からの距離、およそ3億2100万光年）が銀河団の中心を周回する速度を計測し、そのデータをもとに、「かみのけ座銀河団に属する恒星や惑星などをはじめとする“目に見えるすべての天体”を合わせても、かみのけ座銀河団が存続していくために必要な質量に達しない」と発表した。1933年のことである。それはつまり、「宇宙は“目に見える物質”だけではなく、“目に見えない物質”があってこそ存在している」という指摘でもあった。

彼の理屈は次のようなものだった。

目に見える物質の質量しか存在しないとしたら、かみのけ座銀河団のそれぞれの銀河はとっくに宇宙空間に飛び去っているはずだ。それなのに、かみのけ座銀河団は何十億年もその形を維持し、存在し続けている。それは、宇宙には目に見える物質よりもずっと高い密度で目に見えない物質が存在していることを意味している。

そして彼は、その目に見えない存在を「ダークマター」と名づけた。

しかし、多くの研究者はダークマターの存在には懐疑的だった。だが1970年代に、ダークマターの存在を裏づける研究者が出現した。アメリカの天文学者ヴェラ・ルービン（生没年：1928～2016年）である。

そもそも発端は、なぜ天の川銀河の形が維持さ

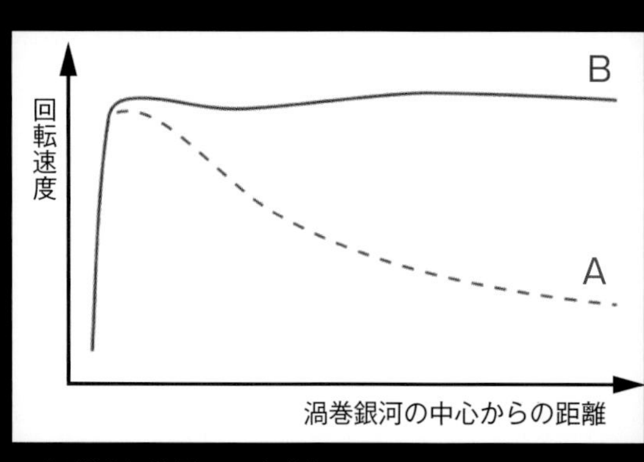

▲典型的な渦巻銀河の回転曲線

れているのかという疑問だった。それに対して、「渦巻（うずまき）銀河の中心部には物質が集中している。そのために生じる強い重力によって、銀河の内側に行くほど回転速度が高くなり、外側に行くほど回転速度が遅くなって、銀河の形は維持されている」と説明されていた。

しかし、彼女が実際に渦巻銀河の天体の光を波長ごとに分けて観測したところ、内側と外側の回転速度はほとんど変わらなかったのだ。

それればかりではなかった。観測された銀河内の天体のすべての質量を合わせても、そうした結果を引き出すだけの重力を生み出す質量には達しなかった。

左ページ下のグラフの(A)は暗黒物質を仮定しない理論予測値であり、(B)は実際の観測結果である。これほどの違いが出ることを理由づけるには、なんらかの物質の存在を認めることが必要だった。さもなければ、渦巻銀河の内側と外側の回転速度はほぼ一定だった理由を説明できなかった。

ヴェラは、この結果をもとに、「銀河の外側にも内側にも目に見えない"何か"が存在している。その何かが生み出す重力によって、渦巻銀河は形を保っている」と考え、その未知の物質こそ「ダークマター」だとした。

●実証されたダークマターの存在

こうしてダークマターの存在が大きくクローズアップされ、研究を進める中、その存在は多くの研究者に支持されるようになっていった。

たとえば、下の写真は2002年にハッブル宇宙望遠鏡がとらえた、約1000個の銀河と数兆個の星を含む巨大銀河団Abell 1689(地球からの距離22億光年)の写真である。

研究者たちは、この写真を調べ、重力レンズの効果を分析することにより、「確かにダークマターが存在している」と結論づけた。

▲ハッブル宇宙望遠鏡がとらえた巨大銀河団Abell 1689　©NASA,ESA,and D.Coe

ダークマターの進化と分布

その後、2013年3月には、欧州宇宙機関（ESA）が宇宙望遠鏡プランクの観測結果に基づいて、宇宙はダークマター26.8%、ダークエネルギー68.3%、原子4.9%で構成されていると発表したし、2015年には、千葉大学、東京経済大学、愛媛大学、東京大学、文教大学による研究グループが、理化学研究所計算科学研究機構のスーパーコンピュータ「京」と、国立天文台の「アテルイ」を用いた世界最大規模の宇宙の構造形成シミュレーションを行い、宇宙初期から現在にいたる約138億年のダークマターの構造形成、進化過程を従来よりも高い精度で明らかにして、次のように発表している。

〈ダークマターは、その重力によりダークマターハローと呼ばれる巨大な構造をつくっている。その大きさは、ハロー内部に存在する銀河のおよそ10倍にも達すると考えられている。

ダークマターハローはまず小さいものから形成され、それらが合体を繰り返すことで大きく成長していく。このように、階層的に構造を形成しながら、ダークマターハローの中でガスが冷えて収縮して星が誕生し、銀河や銀河団などの巨大な天体が形成していったと考えられているのだ。またダークマターハローの合体に続いてハロー内部の銀河が合体すると、大量のガスが銀河中心に存在するブラックホールに供給され、ブラックホールが成長するとともに、活動銀河核として光り輝いたと考えられている〉

（研究グループの2015年5月付のニューリリース「スーパーコンピュータによる、宇宙初期から現在にいたる世界最大規模のダークマターシミュレーションの要約）

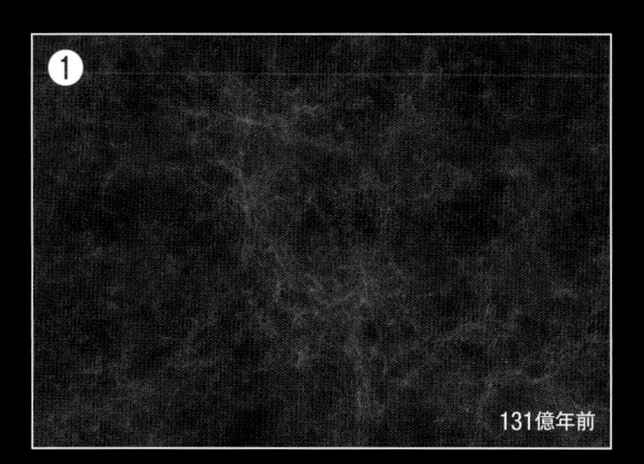

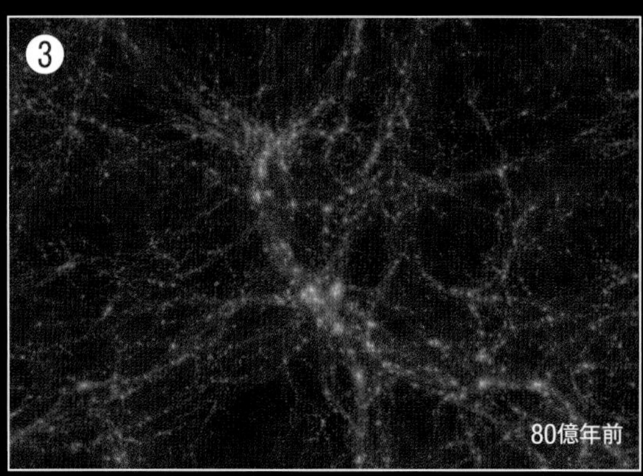

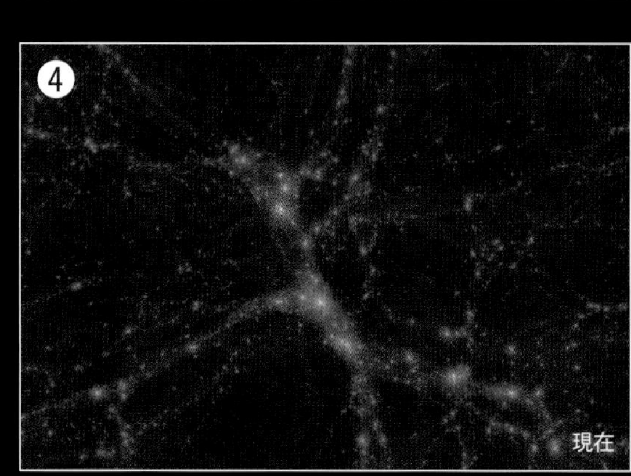

▲2015年に、千葉大学、東京経済大学、愛媛大学、東京大学、文教大学による研究グループが発表したダークマターの分布の進化図　©Ishiyama et al.（2015）
各図の一辺は約3.3億光年。画像の明るさはダークマターの空間密度を表す。明るいところほどダークマターは高密度である。
宇宙が生まれてすぐはほぼ一様だが、時間が経つにつれて重力により集まり、大きな構造が形成されていく（①→④の順）。

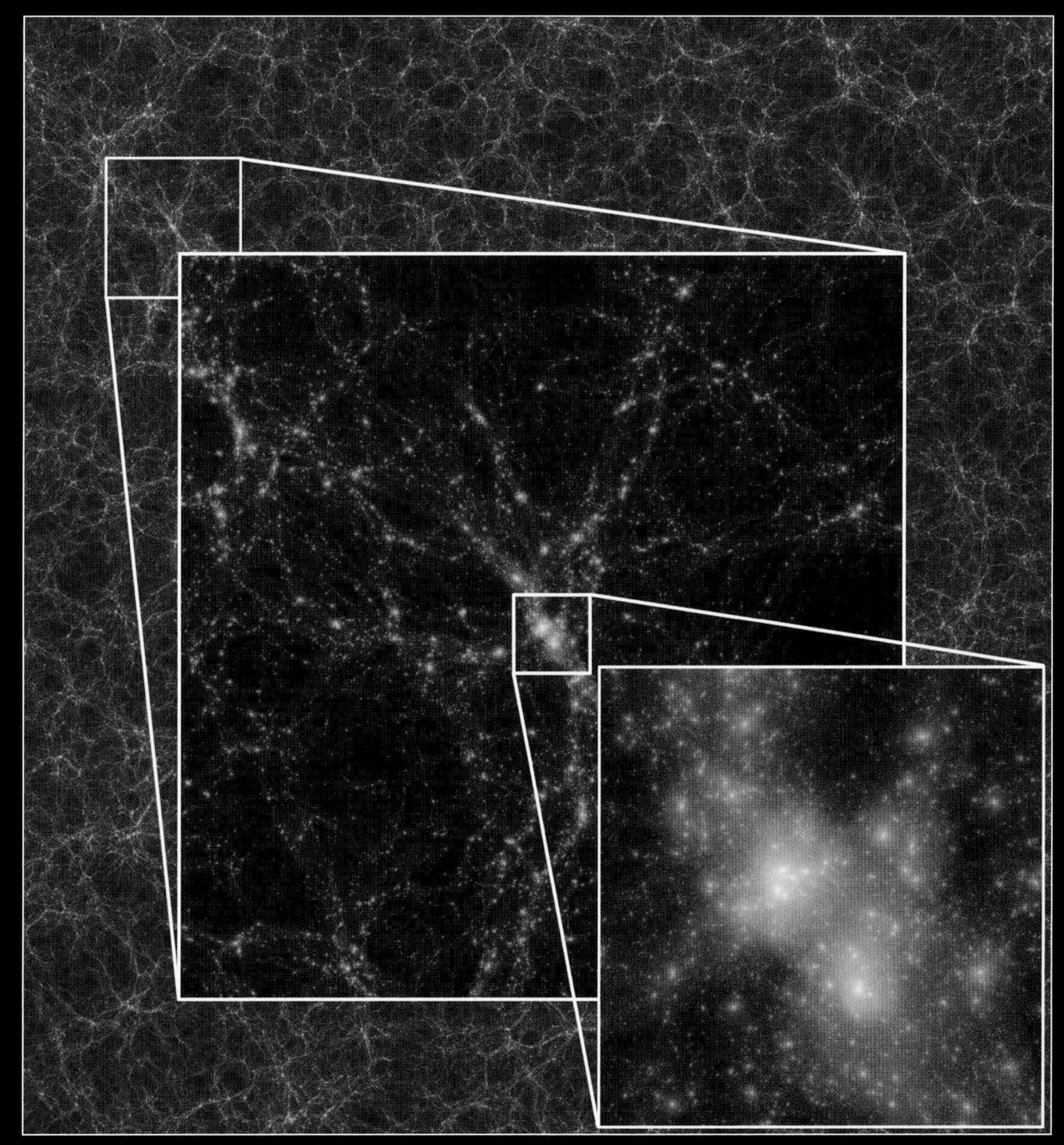

▲現在の宇宙でのダークマター分布
©Ishiiyama et al.(2015,Publication of theAstoronomical Society of Japan,67,61)
上の図は、左ページの図④のパネルの一部を、順に拡大した図だ。
右下はこのシミュレーションで形成した一番大きい銀河団サイズのダークマターハローである。

このように宇宙では多くのダークマターハローが形成され、その中心には銀河が、さらに銀河中心にはブラックホールが存在していると考えられている。

また、このダークマターとともに大きな謎となっているのが、「ダークエネルギー」である。

宇宙は誕生以来、膨張を続けている。本来ならば、宇宙物質の重力によって膨張するエネルギーが減少して膨張する速度も減少するはずだ。ところが、観測結果によると宇宙の膨張速度は、ビッグバンから90億年後までは徐々に減少していたのに、それ以降は逆に加速しているというのである。

そのエネルギー源となっているのが、ダークエネルギーだとされているが、今のところその正体もまったくの謎とされている。

COLUMN

宇宙に満ちている!?　ダークマターとダークエネルギー

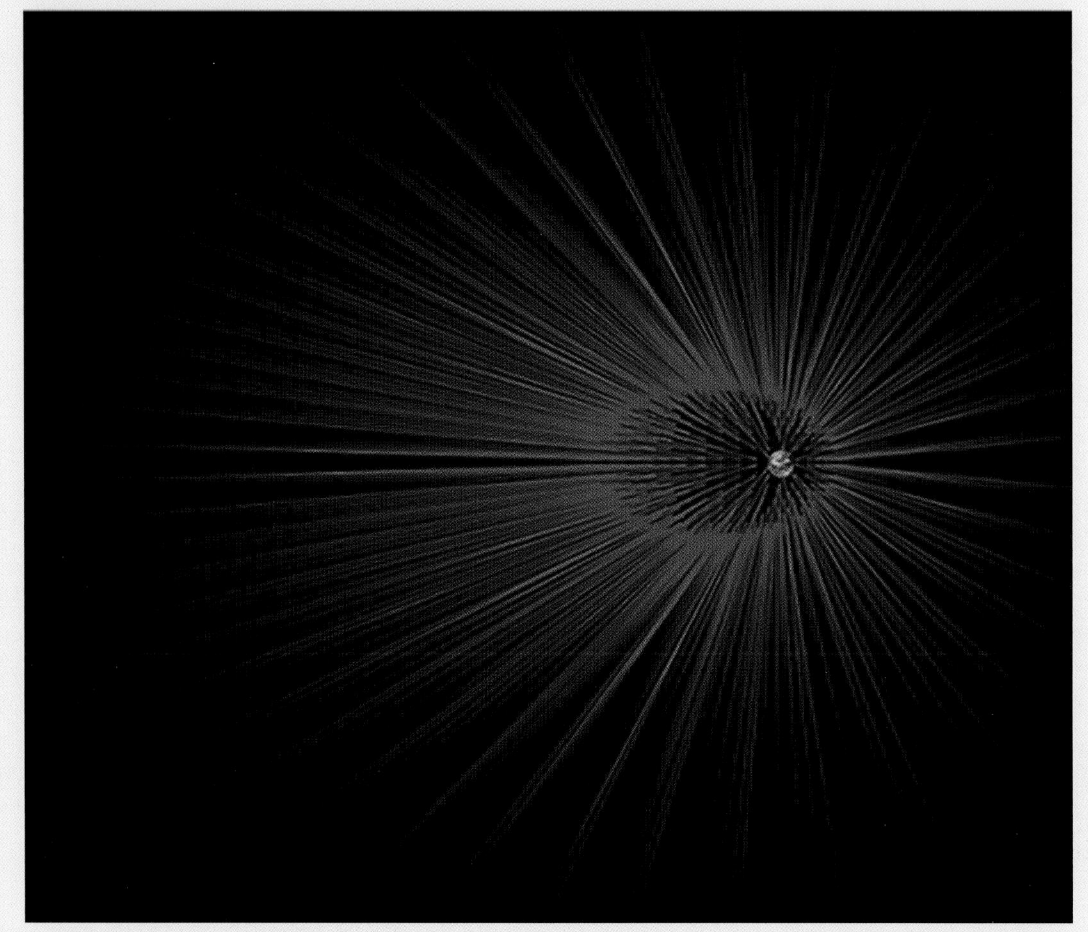

▲地球を通過するダークマターのイメージ　©NASA/JPL-Caltech

宇宙に満ちているダークマターは、当然、地球を取り巻いているし、地球を通過もしている。上の画像は、NASAの研究者が描いた地球を通過するダークマターのイメージだ。

ダークマターは肉眼で見ることはもちろん、電磁波を放射していないため、電子望遠鏡でもとらえることができないが、コンピュータによるシミュレーションによると、地球は髪の毛のようなフィラメント状に分布するダークマターに囲まれていると考えられている。

この髪の毛状の分布はダークマターが地球(惑星)を通過するときにつくられるが、地球のコアを通過すると粒子密度が高まり、地球から100万kmまで延びているという。

ところで前述したように、ダークマターとともに大きな謎(なぞ)となっているのが「ダークエネルギー」である。

宇宙は誕生以来、膨張を続けてきたということが現在の宇宙論の大前提となっているが、そうだとすると、宇宙が膨張する速度は徐々に減速していくはずである。

宇宙物質の質量によって、膨張するエネルギーが奪われていく。その結果、膨張速度は遅くなってしかるべきなのだ。

ところが、現実はまったく逆だ。観測結果によると宇宙の膨張速度はビッグバンから90億年後までは徐々に減速していたのに、それ以降は逆に加速しているのである。

そもそも、宇宙の膨張速度が加速していることが判明する以前は、宇宙の膨張速度は遅くなるというのが定説だった。重力は引き合うが、決して押し返すことはない。だから、ビッグバンによって、あらゆるものが飛散した後は、重力による引力作用でブレーキがかかり、いずれは宇宙の膨張速度は遅くなると考えられていた。

それにもかかわらず、宇宙の膨張は加速していたのである。

いったい、なぜなのか？　そこで、スイス人の天文学者マイケル・ターナーは、「ダークマター以外に、未知のエネルギーが作用しているはずだ」として、フリッツ・ツビッキーが提唱した「ダークマター」になぞらえて、「ダークエネルギー」の存在を提唱した。その後、2013年3月には、欧州宇宙機関（ESA）が宇宙望遠鏡プランクの観測結果に基づいて、宇宙はダークマター26.8%、ダークエネルギー68.3%、原子4.9%で構成されていると発表した。

またその他、多くの研究者も数々の観測データをもとに、このダークエネルギーの存在を支持している。

日本でも、すばる望遠鏡の観測や宇宙背景放射などの観測も合わせ、宇宙は66.2億年前に減速膨張から加速膨張へ移行し、現在では宇宙のエネルギーの72.9%（観測誤差1.4%）をダークエネルギーが占めていることを示すデータを測定している。

もし、このダークエネルギーによる膨張の加速が続くと、その速度が無限になり、最終的に宇宙は終わりを迎えることになるが、この点について、2018年9月に、東京大学と国立天文台などのチームは、「すばる望遠鏡で多くの銀河を精密に観測した結果、少なくともあと1400億年は“安泰”だとわかった」と発表した。

同チームの東大カブリ数物連携宇宙研究機構の日影千秋（ひかげちあき）特任助教らは、すばる望遠鏡に取り付けた超広視野のカメラで約1000万の銀河を観測し、銀河やダークマターの重力で遠くの光が曲がる「重力レンズ効果」を精密に調べたのだが、その結果、宇宙を広げるダークエネルギーはそれほど増えておらず、宇宙は年齢の10倍ほどの時間（約1400億年）は存在できるとしている。

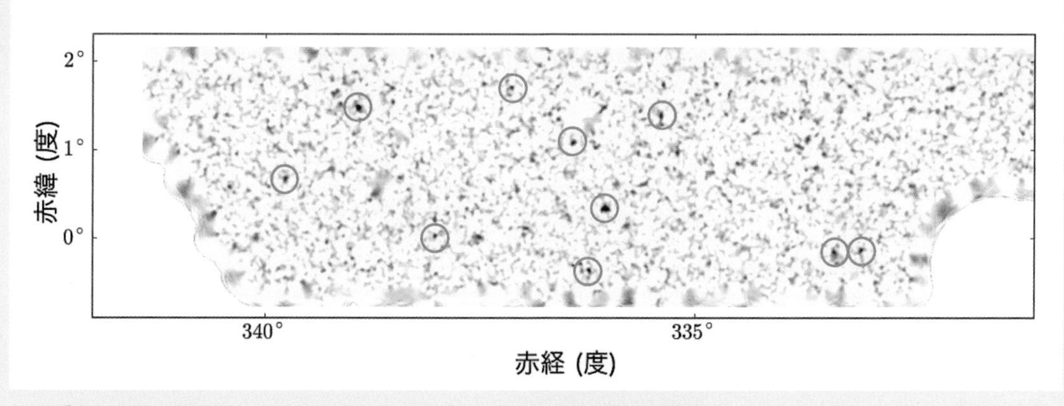

▲すばる望遠鏡の観測データをもとにつくったダークマターの二次元分布図

©HSCプロジェクト／国立天文台／東京大学

濃い部分がダークマターの塊が観測された場所を表す。

特にオレンジ色の○で囲んだ部分にダークマターが集中している。

星の分布

次ページに示すのは、「ヘルツシュプルング・ラッセル図」である。恒星のスペクトル型と光度（絶対等級）の分布図で、縦軸を絶対等級（上が明るい）、横軸をスペクトル型（右が低温）に取っている。デンマークの天文学者アイナー・ヘルツシュプルングとアメリカの天文学者ヘンリー・ノリス・ラッセルが考案した図で「HR図」とも呼ばれている。

その図で恒星の分布を見ると大部分の恒星が図の左上（明るく高温）から図の右下（暗く低温）に延びる線上に置かれていることがわかる。

この線を「主系列」、この線上に位置する星を「主系列星（しゅけいれつせい）」と呼んでいるが、主系列星は水素の核融合反応が安定的に進行している星で、太陽もこの主系列星に属している。

太陽の0.08倍以上8倍以下の質量をもつ星の多くが核融合反応を起こして、その一生のうち9割を、この主系列星として過ごすと考えられている。

そのうち、質量が太陽の3倍以内の星は、やがて巨星（図右上）に含まれる赤色巨星（せきしょくきょせい）となるが、水素でできた外層部は宇宙空間に放出されて惑星状星雲を形成し、残った中心核が白色矮星（はくしょくわいせい）（図左下）となる。ちなみに太陽ほどの質量をもつ星の寿命は約100億年とされている。

巨星（主として赤色巨星）は図の右上に固まっている。これらは質量が太陽の8～25倍の星で、表面温度は低いにもかかわらず、表面積が広く、放射するエネルギーが大きいために明るく輝いている。

その内部で起きている核融合反応は「水素→ヘリウム」（主系列星）、「ヘリウム→酸素・炭素」（赤色巨星）、「酸素・炭素→ネオン・マグネシウム」（赤色超巨星）と進み、最終的には鉄の中心核をつくる（太陽の質量の8倍以下の質量の星では、この鉄の中心核がつくられる段階までは進まない）。

そしてその後、超新星爆発を起こして2000万年ほどの寿命を終え、最後に中性子星を残すことになる。

さらに、質量が太陽の25倍を超える大きさになると、鉄ができた後の核融合反応が進まなくなり、

主系列星を代表する「太陽」「ベテルギウス」「シリウス」

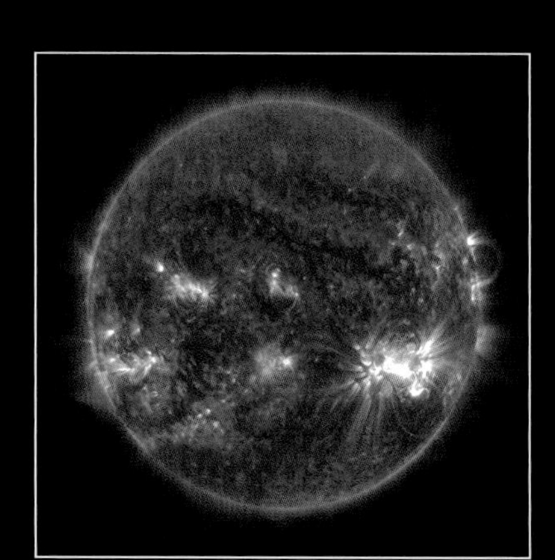

▲太陽　©NASA/SDO

太陽系の全質量の99.86％を占め、太陽系の全天体に重力の影響を与えている。種族Ⅰに分類されているが、約46億歳という年齢はその中では比較的高齢である。いずれはベテルギウスのように膨張していくと考えられている。

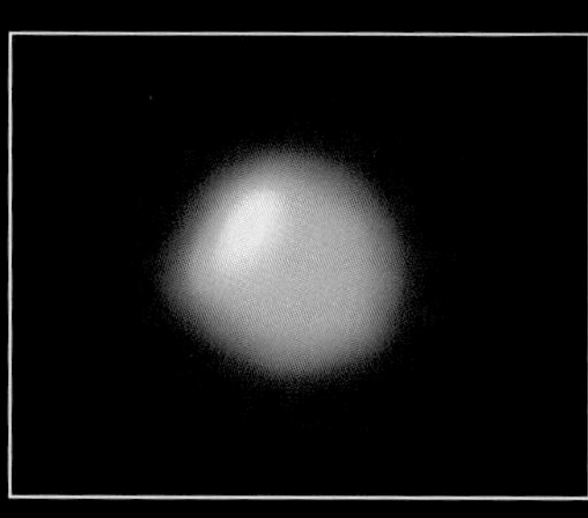

▲ベテルギウス　©国立天文台

オリオン座のベテルギウスは、一生の終末期である赤色超巨星の段階にあり、太陽のおよそ1400倍の大きさにまでふくらんでいる。表面温度は約3400℃にも達する。おおいぬ座のシリウスは、シリウスAと呼ばれるA型主系列星と、シリウスBと呼ばれる白色矮星から成る連星だ。かつてシリウスは明るい2つの恒星から成る連星系だったが、質量が大きかったシリウスBが先に寿命を迎え、1億2000万年前には赤色巨星になり、シリウスBはその後、白色矮星になったと考えられている。

◀シリウス　©国立天文台

自らの重力によって崩壊して超新星爆発を起こして、後にブラックホールを残すと考えられている。彼らの寿命はわずか500万年ほどだと考えられている。また、HR図の右下には褐色矮星(かっしょくわいせい)が置かれている。これは質量が太陽の0.08倍以下の星である。この大きさでは核融合反応が起きないため、他の天体と衝突したりしない限り、そのまま存在し続けることになる。分類上は、恒星にも惑星にも属さない天体である。このように、星の一生には4通りがあると考えられている。

ヘルツシュプルング・ラッセル図

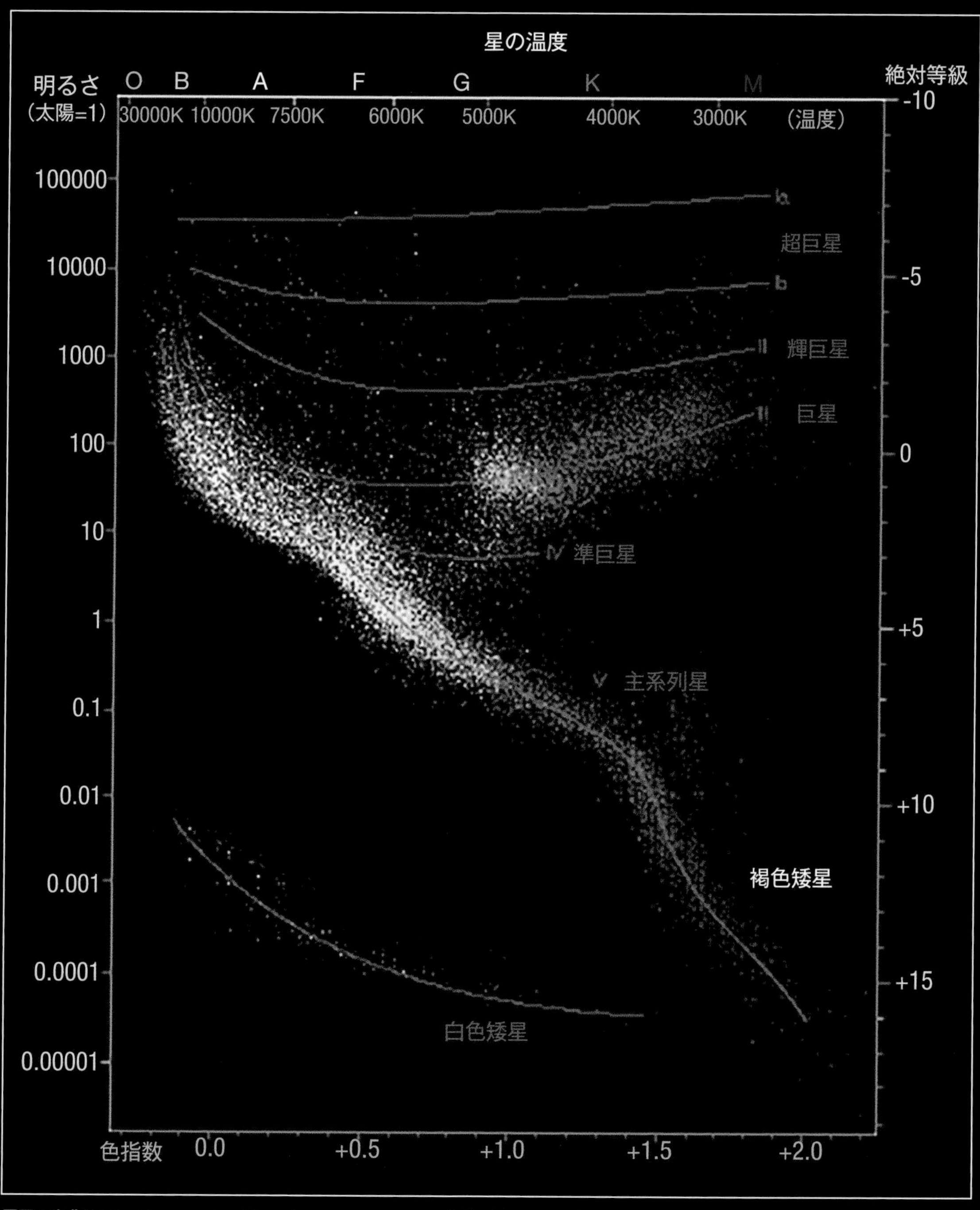

原図の出典はhttp://www.atlasoftheuniverse.com/hr.htmlより ©Richard Powell

星の一生

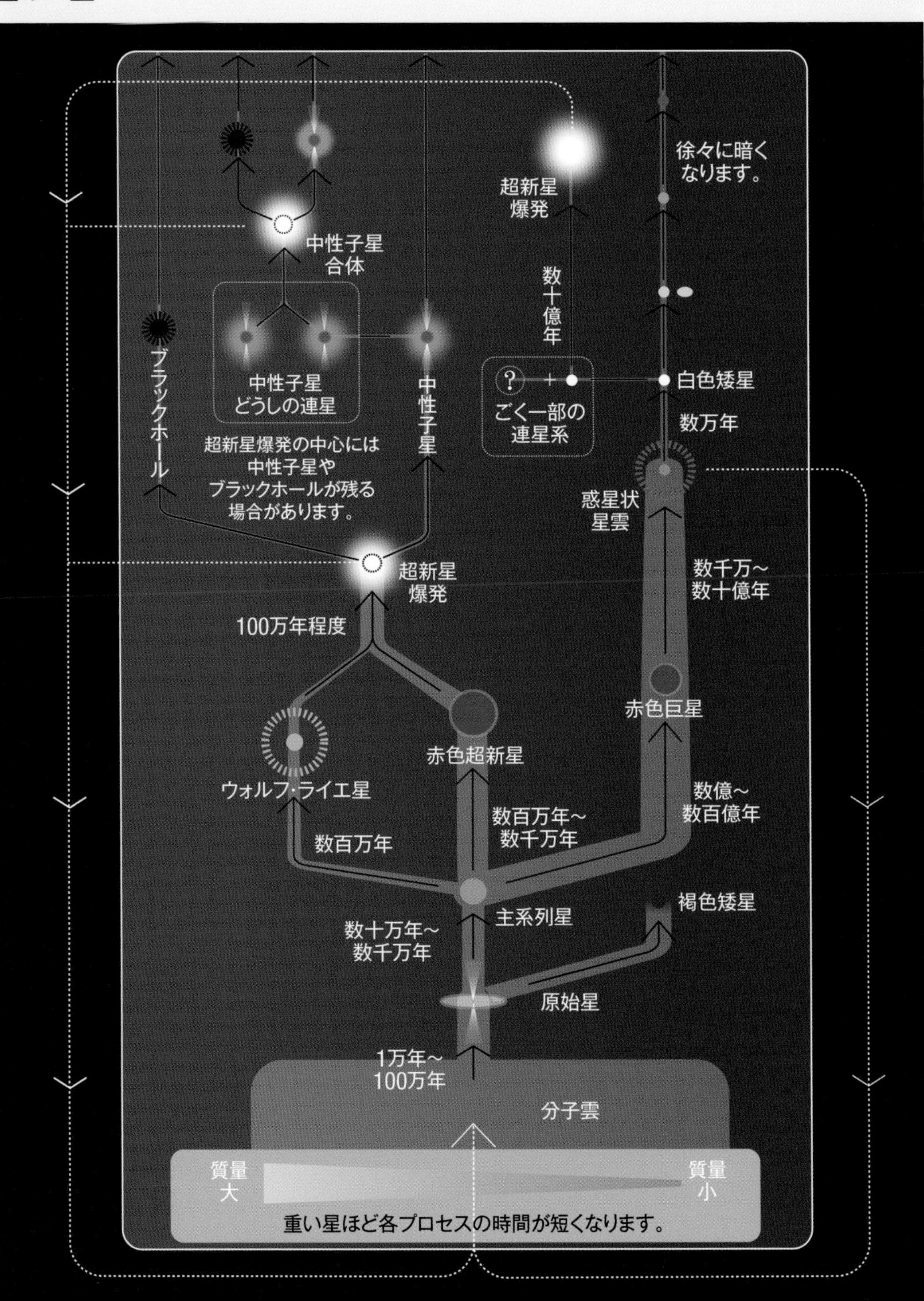

図:「天文学普及プロジェクト」による「宇宙図2018」を改変

①元素をばらまく宇宙の錬金術
── 超新星爆発と中性子星合体

太陽系の材料となった“かけら”たちをつくり出し、宇宙にばらまいたのは「超新星爆発」と「中性子星の合体」だった。2種類ある超新星爆発のうち、太陽よりずっと重い恒星が起こす爆発では、内部でつくられた酸素などの元素が飛び散ると同時に、より重い元素が生み出された。一方、私たちの身体に欠かせない鉄は主に、白色矮星(はくしょくわいせい)を含む連星系の、ごく一部が起こす超新星爆発によって生み出された。また、中性子星合体では、金や銀などさらに重い元素がつくられた。

②一生を終え、宇宙に溶ける星
── さまざまな姿の惑星状星雲

すべての恒星が、一生の最後に超新星爆発を起こすわけではない。太陽のように比較的軽い恒星は、寿命が来るとゆっくりと、自分自身がつくっていた物質を宇宙に放出し始める。そして次第に形を失い、後に白色矮星となる芯(しん)だけを中心に残して、宇宙空間に広がっていく。これを「惑星状星雲」というが、さまざまな形のものがある。

③年老いた星は、元素の工場
── 一生を終える寸前の恒星

多くの星は年老いると、大きく膨らんで赤色巨星(せきしょくきょせい)になる。そのとき、中心ではそれまで恒星を輝かせていた「核融合反応」の燃料である水素がなくなり、ヘリウムから炭素や酸素をつくる別の核融合反応が進み、その過程で別の反応も起こり、鉛などの重い元素もつくられる。一方、太陽よりずっと重い恒星は、より大きな赤色超巨星やウォルフ・ライエ星㊟になり、中心ではさらに核融合反応が進行してケイ素や鉄などがつくられる。私たち人間にとって大切な元素の多くは、こうして恒星の内部でつくられたのだ。

㊟水素の外層が、光子の放射圧によって吹き飛ばされ、内部の高温部分が露出している星。

④成熟し、宇宙に輝く星
── 核融合反応と恒星の寿命

恒星は生涯のほとんどを「主系列星(しゅけいれつせい)」として過ごす。その中心では、4つの水素原子から1つのヘリウム原子をつくる核融合反応が進んでおり、この反応が大量の光を生み出している。恒星が主系列星として輝く期間は、その質量で決まる。太陽の寿命は100億年あまりで、今から50億年ほど先には赤色巨星に、そして最終的には白色矮星となる。一方、太陽より軽い恒星の場合は100億年以上の寿命をもつが、太陽の10倍ほど重い恒星の寿命は数千万年にとどまることになる。

⑤星の誕生と成長
── ジェットを吹き出す原始星

恒星を生み出す材料となるのは、宇宙に漂うガスやダストである。これから大量に集まることで恒星の赤ちゃんというべき「原始星」が形づくられる。集まってきた物質の中には、細いガスの流れである「ジェット」となって、原始星から飛び出していくものもあるが、物質が集まり続け、中心部分の温度と圧力が上がってくると、いよいよ核融合反応が始まり、原始星は主系列星となっていく。

⑥元素は宇宙を流転する
──恒星の生まれる場所、分子雲

銀河の中で、ガスやダストが特に濃く集まっている場所を「分子雲」と呼ぶ。その主成分は水素分子だが、水や一酸化炭素、アルコールなどの分子もごくわずかに含まれている。これらは、前の時代の星々が一生を終えるときにばらまいた多様な元素でできている。つまり、恒星は元素から生まれ、元素に還るのだ。私たちの身体も、地球や太陽、夜空の星々も、すべてこの元素の大循環の一部であり、宇宙を流転する物質のすべては、遡(さかのぼ)れば、宇宙最初の3分間に生み出された物質へと行き着くのである。

文:「天文学普及プロジェクト」による「宇宙図2018」をもとに作成

Chapter 2 天の川銀河の構造と太陽系の形成

▲アルマ望遠鏡で撮影した天の川銀河　©Teruomi Tsuno/NAOJ

夜空を見上げると、満天の星空が広がっている。その中でもくっきりと浮かび上がっているのが天の川だ。写真は、南米チリの標高5000mの高地に建設され、2011年に科学観測を開始した巨大望遠鏡「アルマ望遠鏡」で撮影した天の川である。

この光の帯は、私たちから見ると天球を1周しており、恒星とともに日周運動をしているように見える。しかし、動いているのは私たちが生きている地球であり、太陽系だ。私たちは、この数千億個の恒星を含む壮大な天の川銀河の広がりの中に存在しているのだ。

■天の川銀河の構造

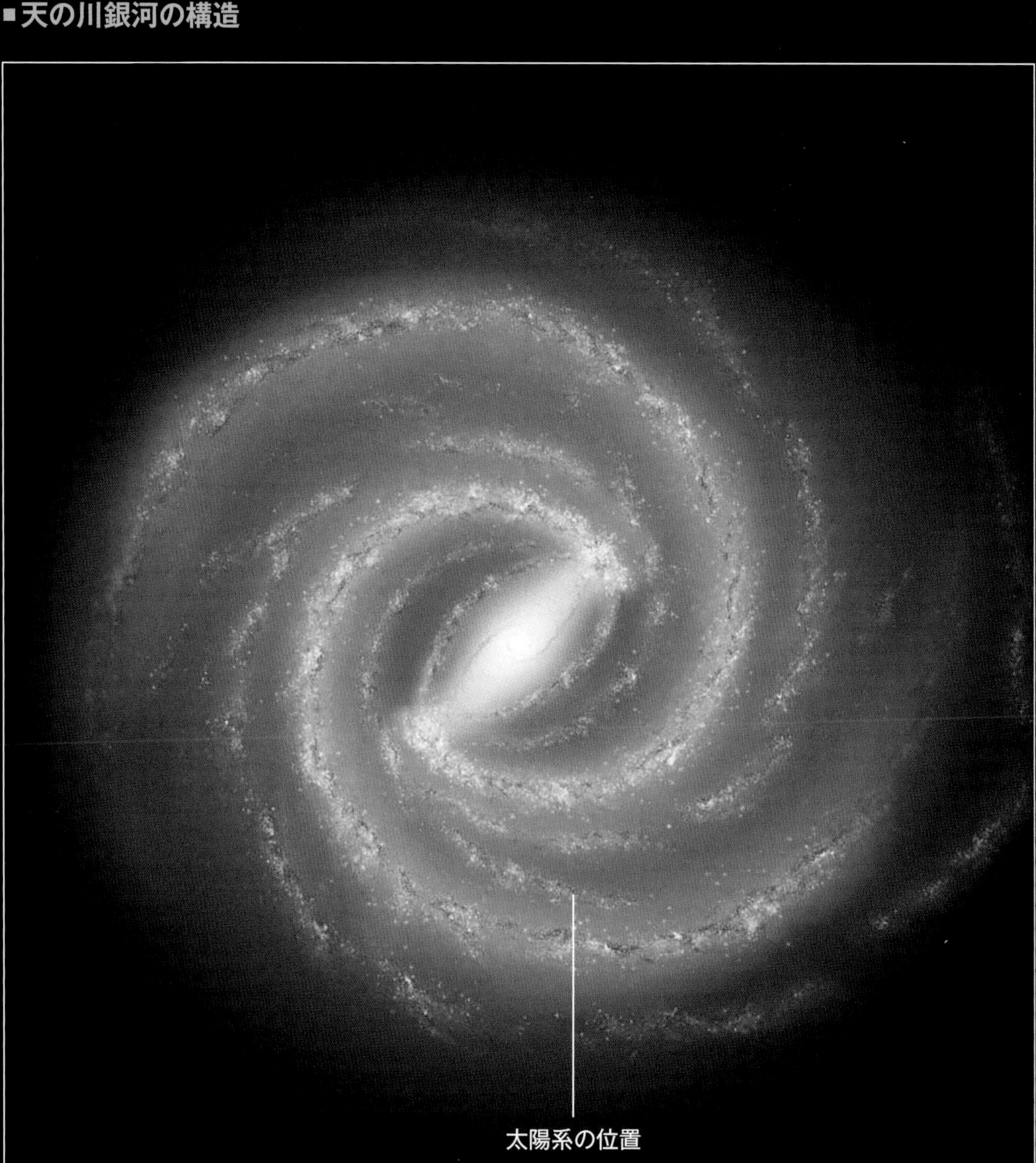

▲真上から見た天の川銀河と太陽系の位置のイメージ　原図　©NASA/JPL-Caltec

私たちが住む太陽系を含む天の川銀河は、渦巻銀河と呼ばれるタイプの銀河で、銀河系とも呼ばれる。他の銀河と同様、数多くの恒星や惑星、ブラックホール、あるいは星間ガスなど、さまざまな天体で構成されているが、恒星の数は1000億～2000億個で、それが直径10万光年の円盤状に集まっている。

また中心部分にはブラックホールを取り巻くように、比較的古い恒星からなる密度の高いバルジとそれを取り巻くように若い恒星や星間物質からなる円盤が広がり、回転しながら渦状腕を形づくっている。天の川銀河の円盤の厚さは中心部で約2万光年、周縁部は約1000光年で、渦状腕の中には特に多くの天体が存在している。

天の川銀河の5本の渦状腕

天の川銀河は、ペルセウス腕、じょうぎ腕、たて･ケンタウルス腕、いて･りゅうこつ腕、オリオン腕の5つの渦状腕をもっている。

太陽系は、そのうちオリオン腕に中にあり、天の川銀河の中心から2万8000光年ほど離れたところを、およそ2億4000万年かけて1周している。

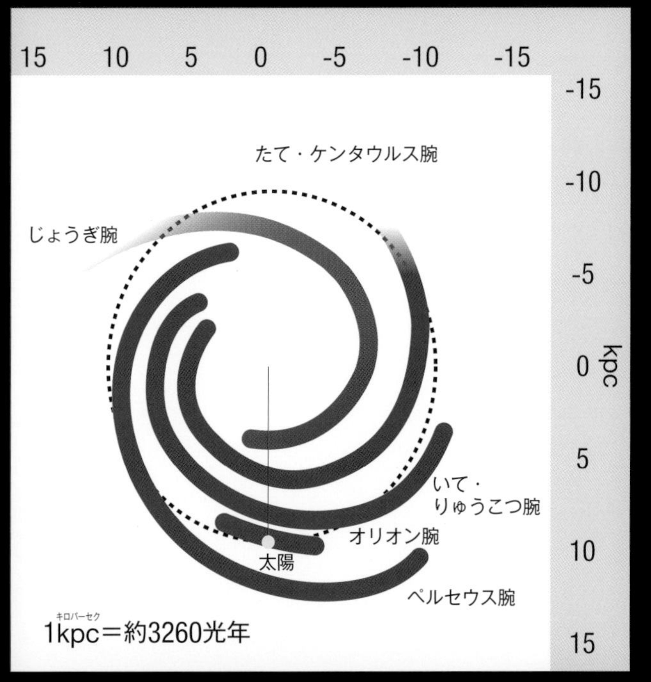

▶天の川銀河の渦状腕

天の川銀河の総質量は太陽の1兆2600億倍ほどと推定されている。そのうち電磁波を放出している天体の質量合計は643億太陽質量で全体の5.1％以下にすぎず、それ以外の質量の大部分はダークマターによるものだと考えられている。

また、それを取り巻くように若い恒星や星間物質からなる直径約10万光年の銀河円盤が存在している。

▲天の川銀河の赤外線画像　©Two Micron All Sky Survey（2MASS）

■銀河の中心とブラックホール

▲ブラックホールのイメージ　©NASA/JPL-Caltech

天の川銀河の中心は、太陽系から見るといて座の方向にある。天の川が最も厚く濃く見える方向だ。太陽系から天の川銀河の中心までの距離は約2万8000光年と推定されているが、星間(せいかん)物質の影響で直接見ることは不可能だ。そのため、電波や赤外線、X線などによる観測が行われてきたが、そこには、太陽の450万倍ほどの質量をもつブラックホール（いて座A*＝いて座エー・スター）が存在していることがわかってきた。

そもそもブラックホールとは大量の物質が狭い範囲に密集した結果、その周囲の重力が極めて強くなり、その中からはいかなる物体も電磁波も放出されない天体だ。しかし、そのブラックホールに周囲から大量のガスが流れ込むときに、円盤状のガス雲がつくられ、高エネルギーのプラズマジェットが噴出し、強い電磁波を放出する。それを観測することで、間接的にブラックホールの存在を調べることができるのだ。

実際、多くの渦巻(うずまき)銀河や楕円(だえん)銀河の中心付近でプラズマジェットによって発せられた電磁波が確認され、銀河の中心には超大質量のブラックホールがあるというのが定説となっていた。

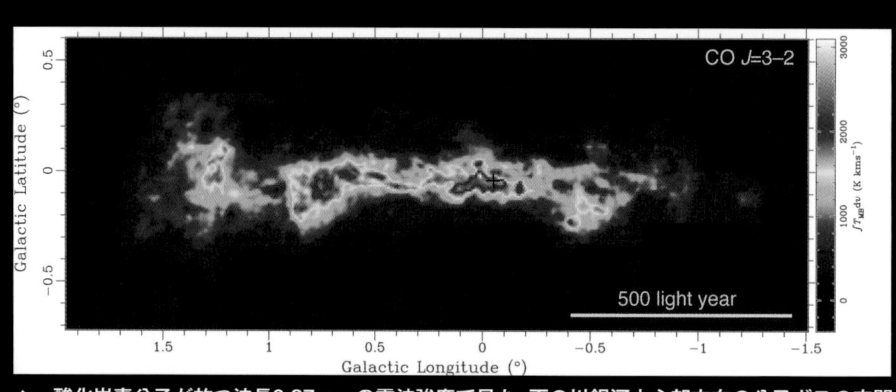

▲一酸化炭素分子が放つ波長0.87mmの電波強度で見た、天の川銀河中心部方向の分子ガスの空間分布
©慶應義塾大学/国立天文台
黒い十字が天の川銀河の中心核「いて座A*」の位置である。

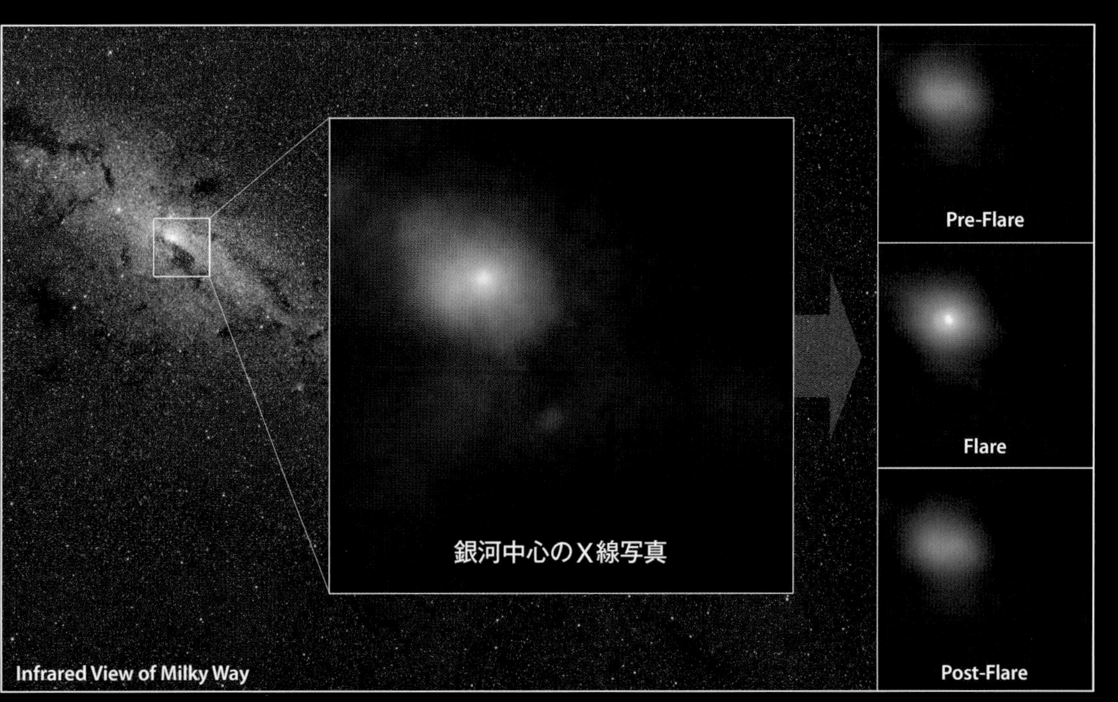

▲X線観測衛星NuSTARがとらえた天の川銀河中心部で起きたX線フレア
©NASA/JPL-Caltech

▲チャンドラX線天文台がとらえたいて座A★の放射線
©ESA/Hubble & NASA and N.Grogin(STSc),Acknowledgement:Judy Schmidt
beforeとafterでは、afterのほうが、より強い放射線を放っていることがわかる。

天の川銀河も例外ではなかった。たとえば、2012年にはNASAのX線観測衛星NuSTARが、いて座A★近くにある高温の物質から放射されるX線フレア(爆発現象)をとらえることに成功した。

上の画像の右に縦に並んだ3点の写真のうち、真ん中の写真が、フレアのピーク時の写真だ。

また、左の画像は、2013年にNASAのチャンドラX線天文台がとらえた、いて座A★からの非常に強い放射線だ。

いずれも、なんらかの物質(たとえば小惑星)がブラックホールに近づきすぎ、重力によって引き込まれる際に、引き裂かれたか、あるいはブラックホールに流れ込む磁力線がバースト現象を起こしたために1億Kほどまで加熱されたために発せられたと考えられている。

■原始太陽系星雲の形成と微惑星の誕生

▲横から見た天の川銀河のイメージ　©2000,Axel Mellinger

太陽の誕生と同時に、太陽の周りには、星間物質(せいかん)による円盤状のガス雲が形成された。「原始太陽系星雲」だ。

ガス雲の中には、わずか1%ほどだが、固体微粒子(ダスト)が含まれていた。そのダストが、中心星(太陽)の重力やダスト同士の衝突、さらに円盤を構成しているガスとダストの摩擦の影響で、薄い層に集まっていく。

この層が薄くなるほどダストが密集するので、ダスト同士に働く重力の影響が強まり、周囲よりも濃くダストが集まった部分は、さらに周りのダストを引きつけ、円盤には縞(しま)模様ができていった。この現象を「重力不安定」と呼ぶ。

この縞模様の部分ではダストの集積がいっそう速まった。そしてダストは塊となって天体をつくり出していった。それが微惑星だ。

この微惑星がさらに周囲のダストを集め、円盤の縞模様は時間とともに消失する。そしてその後、微惑星同士が衝突を繰り返し、より大きくなって10^{23}kgほどになると、ガスを引きつけて大気をもつようになった。このようにして成長していった微惑星の1つが地球となっていった。

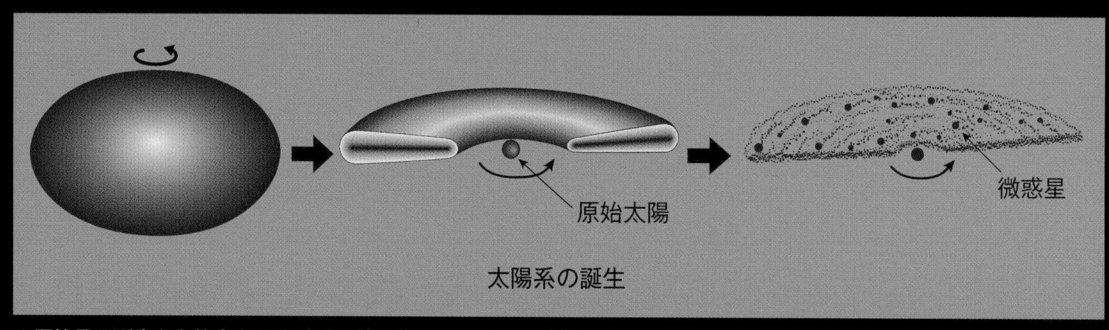

▲原始星の誕生から終末までのイメージ　『ひとりで学べる地学』(清水書院)より

微惑星形成のシミュレーション

国立天文台は、4次元デジタル宇宙プロジェクトのホームページで『微惑星の形成』というシミュレーション映像を公開している。5年ほどで微惑星が形づくられていく様子がよくわかる。

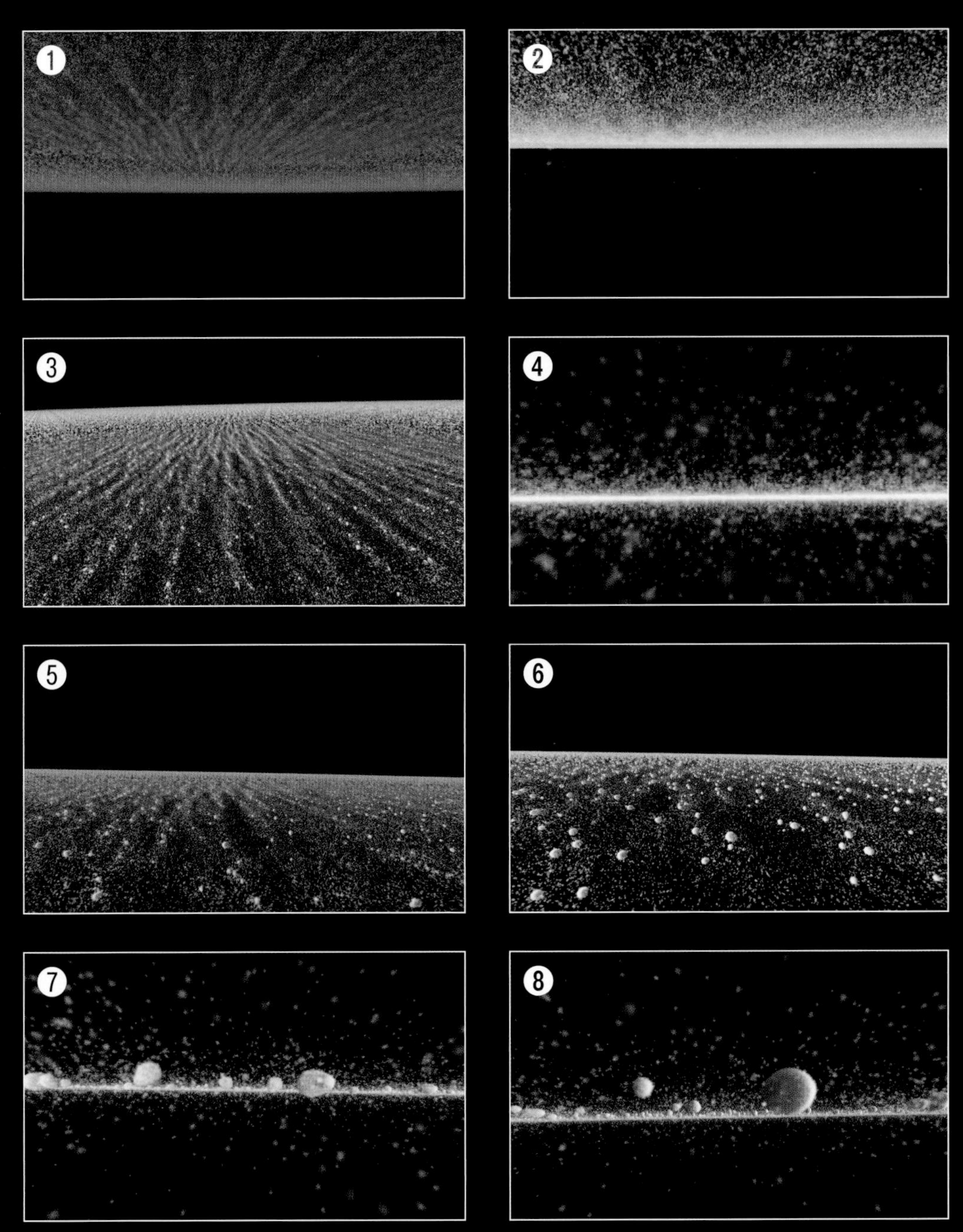

国立天文台４次元デジタル宇宙プロジェクト『微惑星の形成』より

©2016　道越秀吾×中山弘敬，国立天文台4次元デジタル宇宙プロジェクト

■原始地球の誕生

およそ45億6000万年前、誕生したばかりの原始地球は、微惑星を形成していた鉄と岩石質のケイ酸塩でできたドライな天体だった。その半径が現在の半分くらいになったとき、表面は微惑星との衝突による熱でドロドロに溶けた状態で、大気は水素とヘリウムを主成分とした高温高圧の状態だった。

しかし、水素もヘリウムも軽かったために太陽風で宇宙空間に吹き飛ばされてしまった。だが、それに代わるものがあった。地球に次々に衝突してきた微惑星や氷惑星から放出された二酸化炭素と水蒸気である。特に二酸化炭素は全成分中の約96%も占めており、大気圧は300気圧以上もあったと考えられている。

この高密度・高温での大気の温室効果によって熱が宇宙に放出されず、原始地球は長い期間にわたって、表面が灼熱(しゃくねつ)のマグマで覆われる「マグマオーシャン」(マグマの海)の時代が続いた。

このように地球がマグマオーシャンに覆われていた時代に、鉄やニッケルなどの重い物質はマグマオーシャンの底へと沈み込み、軽い物質がマントルや地殻になっていった。

その際、原始地球の中心にあった鉄とケイ酸塩の混合物に比べて、マグマオーシャンの底にたまった金属鉄のほうがより密度が高かったために入れ替わりが起こり、地球中心は鉄の核になると同時に、沈んでいく鉄の重力エネルギーが熱に変わり、それまで温度が低かった地球内部は高温になった。

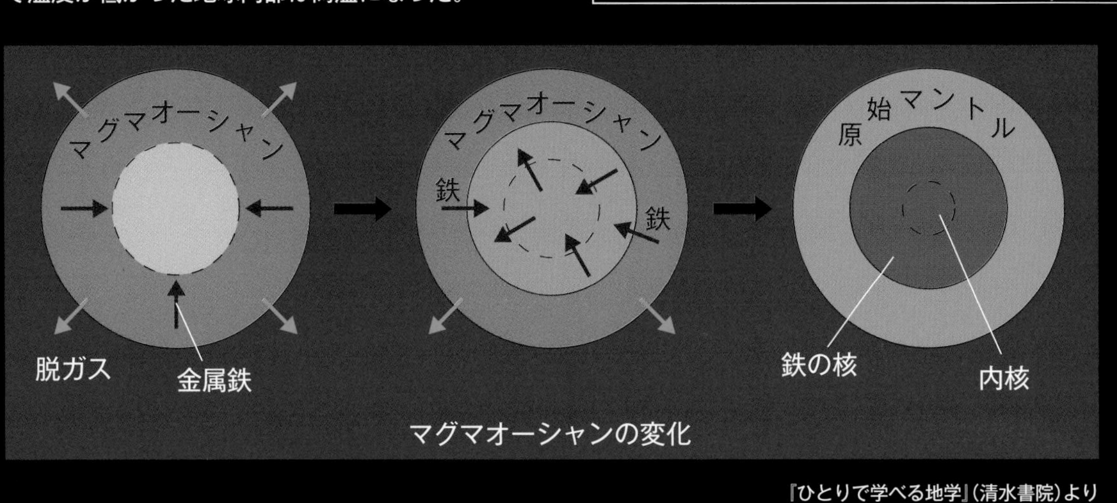

マグマオーシャンの変化

『ひとりで学べる地学』(清水書院)より

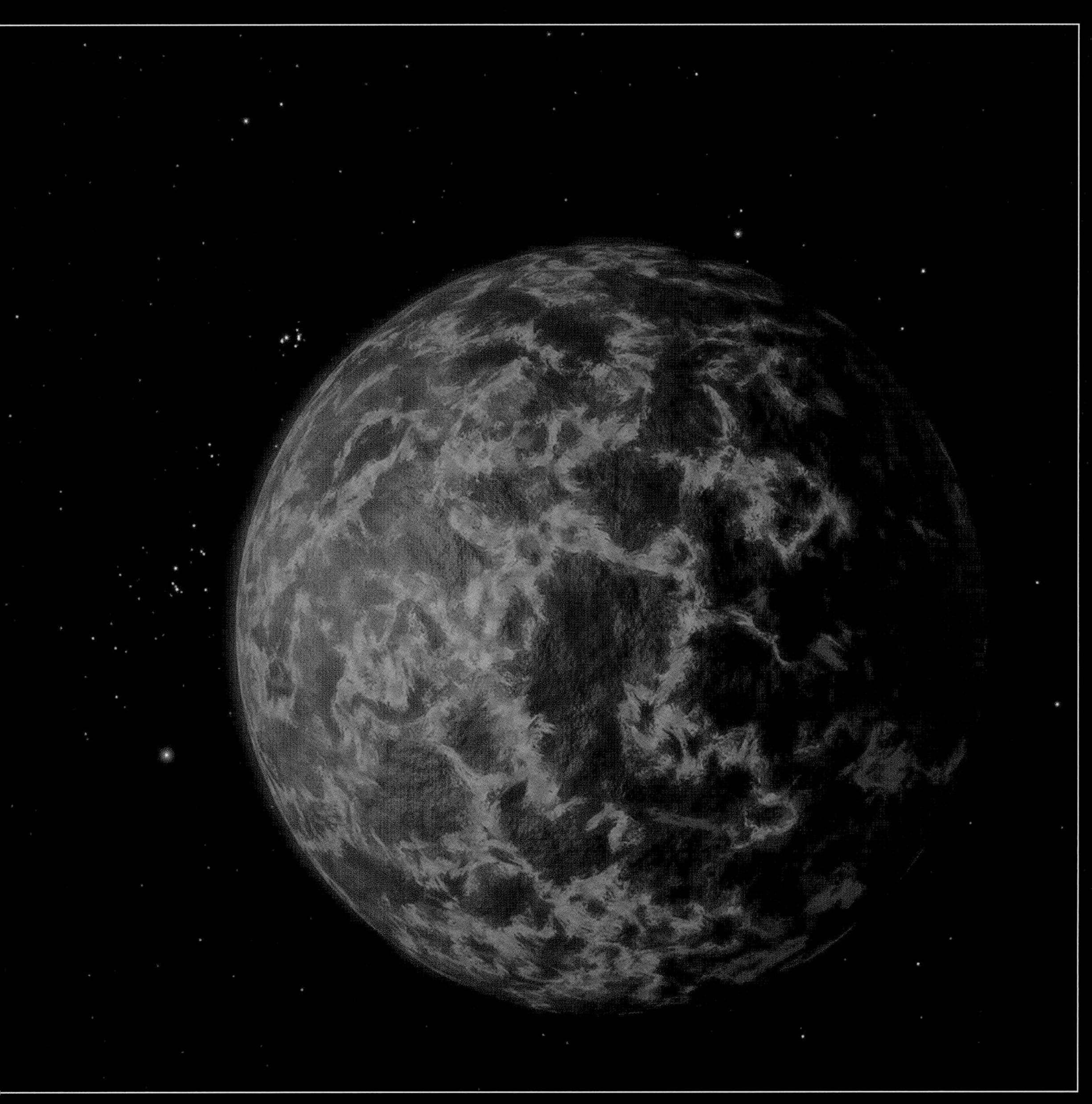

▲NASAのスピッツァー宇宙望遠鏡を使って発見した太陽系外惑星UCF-1.01のイメージ
©NASA/JPL-Caltech
太陽系外惑星UCF-1.01は地球の3分の2ほどの大きさだ。地球からほんの33光年離れたところにあるグリーゼ436(GJ436)と呼ばれる恒星を周回している。主星からの距離が非常に近く、猛烈なスピードで周回しているために、大気は吹き飛ばされ、地表はドロドロに溶けたマグマで覆われていると考えられている。原始地球も同じような状態だったと考えられる。

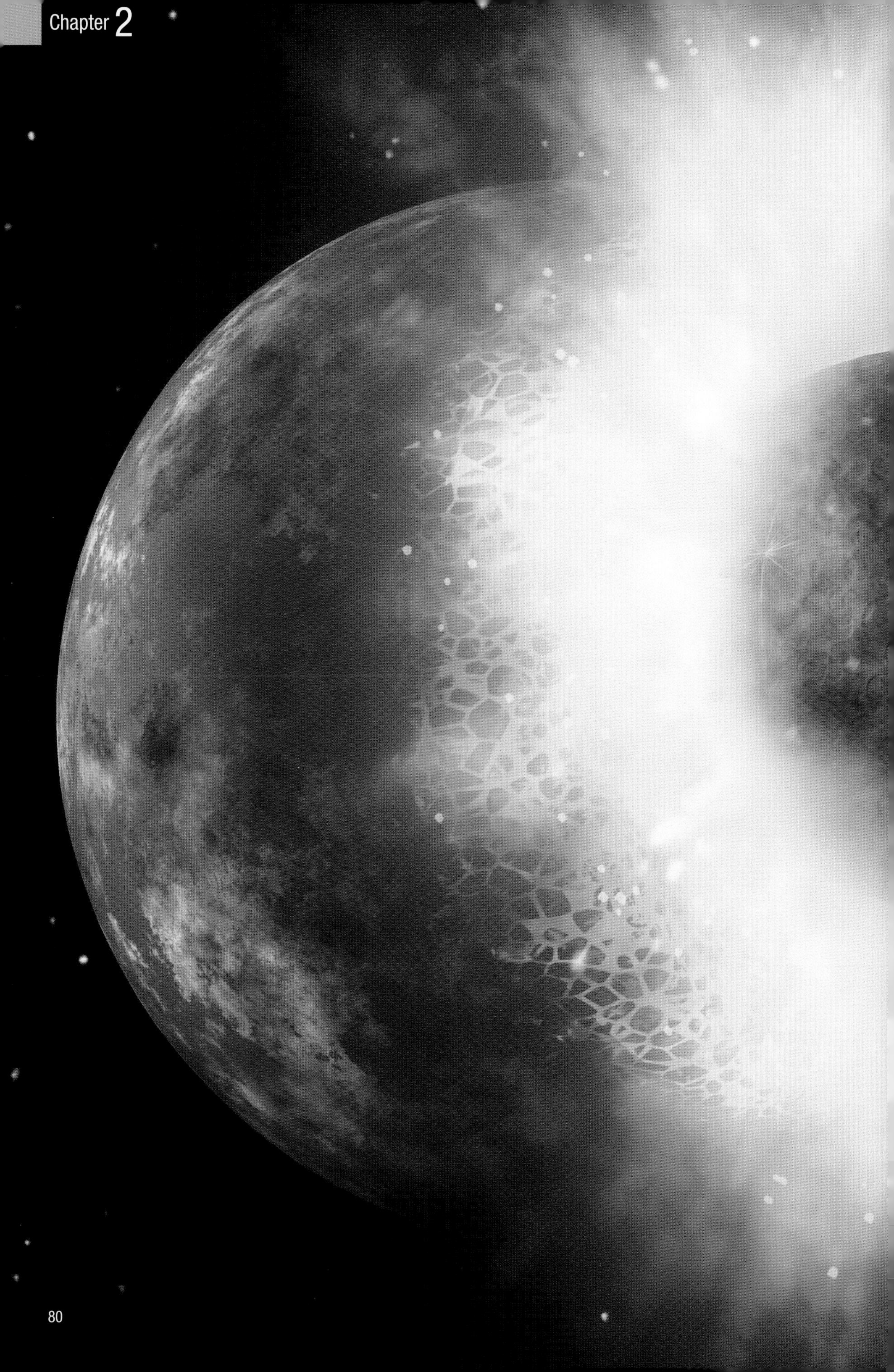

■ジャイアント・インパクト

およそ45億5000万年前、誕生して間もない原始地球に、火星とほぼ同じ大きさの原始惑星が斜めに衝突した。

原始地球は同規模の衝突に全部で10回ほど見舞われたと考えられているが、このときの衝突で、原始惑星の破片の大部分は地球のマントルの大量の破片とともに宇宙空間へ飛び散った。

その破片の一部は再び地球へと落下した。だが多くは、地球を周回する軌道上に乗った。そして一時は土星の環(わ)のような円盤を形成していたが、破片同士が衝突・合体を繰り返し、やがて月を形成していった。そのときの月と地球の距離は、1万9220㎞から2万4000㎞と現在の20分の1から16分の1程度しかなく、地上からの見かけは現在の約400倍で、10時間ほどで地球を1周していたと考えられている。

◀ジャイアント・インパクトのイメージ
©NASA/JPL-Caltech

■こうして月は誕生した

地球と小惑星の衝突エネルギーが熱へと転換されることにより、地球は数千℃から数万℃に加熱され、マグマオーシャンを形成した。

その地球には何度か小惑星が衝突したが、あるとき火星クラスの大きさの小惑星が衝突、それにより月が形成されることとなったと考えられている。東京工業大学の井田茂教授や国立天文台の小久保英一郎教授らは、コンピュータによるシミュレーション計算に基づき、「月円盤が冷えて月集積が始まってから、早ければ1か月もあれば、月が形成される」としている。

その月形成のプロセスを、国立天文台の「4次元デジタル宇宙プロジェクト」でつくられた『月の形成』の画像をもとに解説しよう。

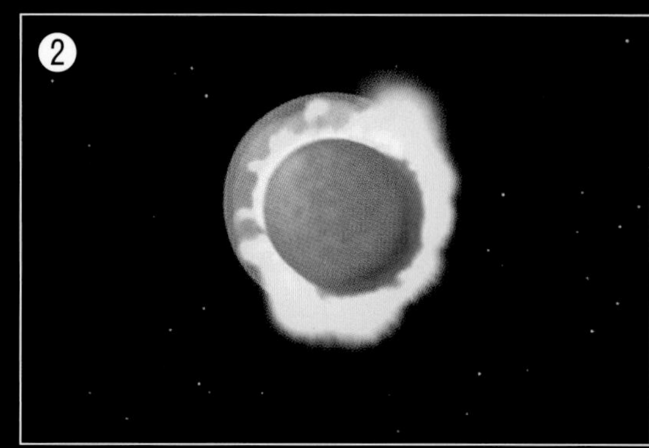

ある日、火星ほどの大きさの小惑星が地球に接近し、衝突した。ただし、真正面からの衝突ではなかった。それが幸いする。

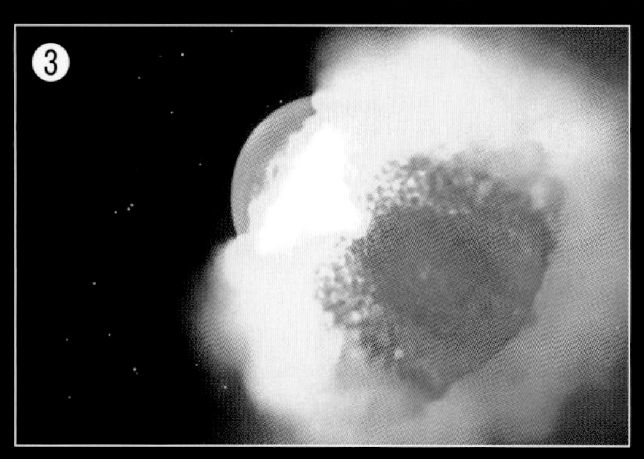

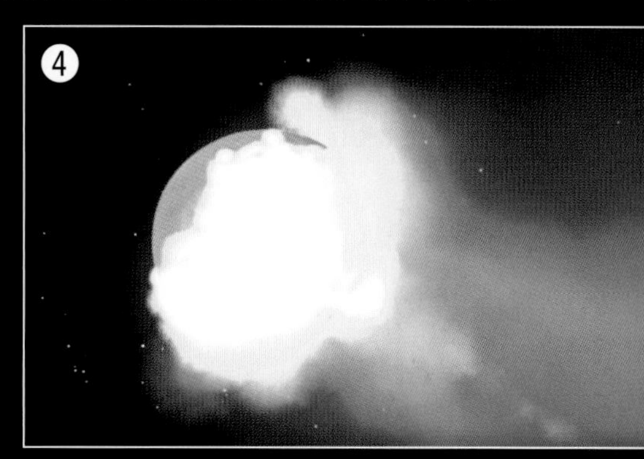

中心からはずれたところに衝突することによって、衝突天体は完全に地球と合体して1つになるのではなく、
その一部が地球の周りを回る円盤(月円盤)を形成していった。

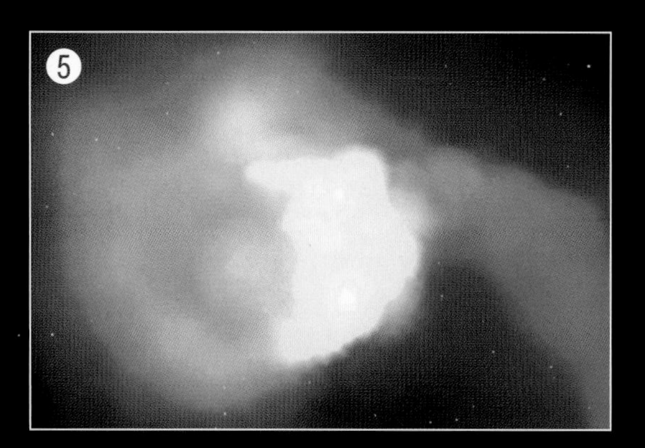

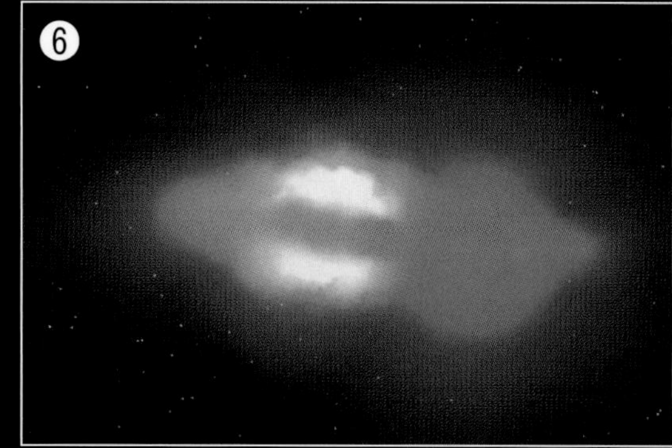

衝突した地球と小惑星は衝突エネルギーによりバラバラになり、宇宙空間へと飛び散った。

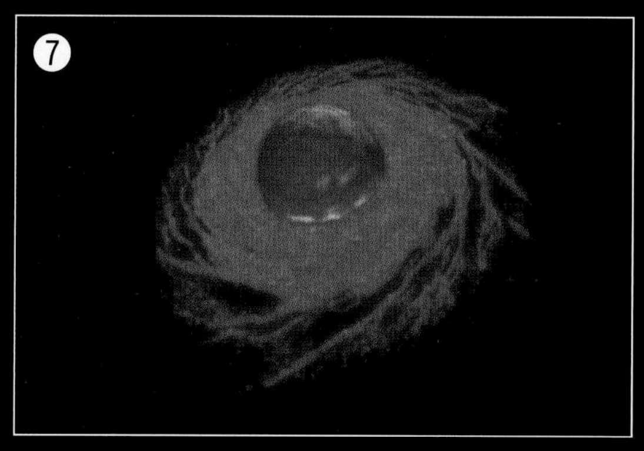

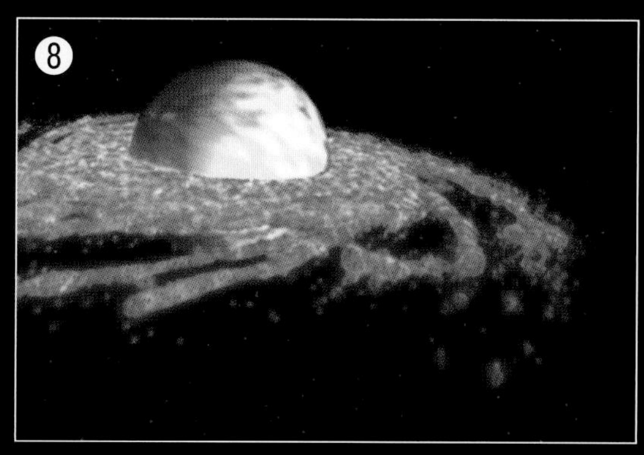

月円盤の形成にはそれほど時間はかからなかった。コンピュータ・シミュレーションによると、
わずか数日の出来事だったとされている。

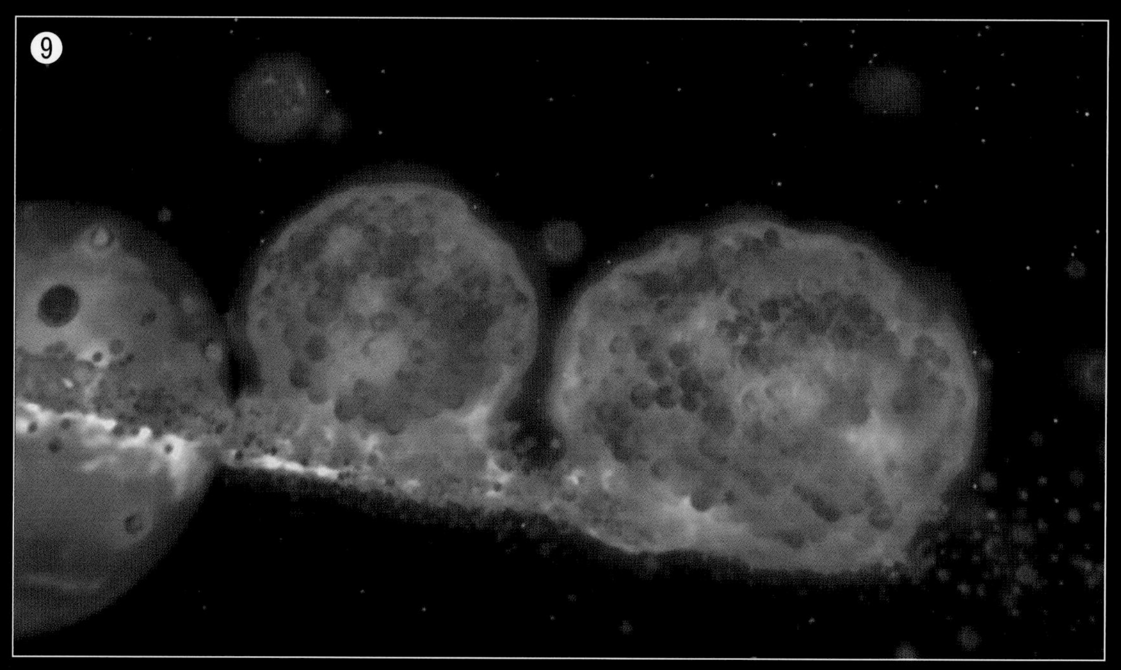

冷えて溶岩のようになった月の材料は、自分の重力で集まり無数の月になる。そしてこれらの
月の種は合体して急速に成長していった。

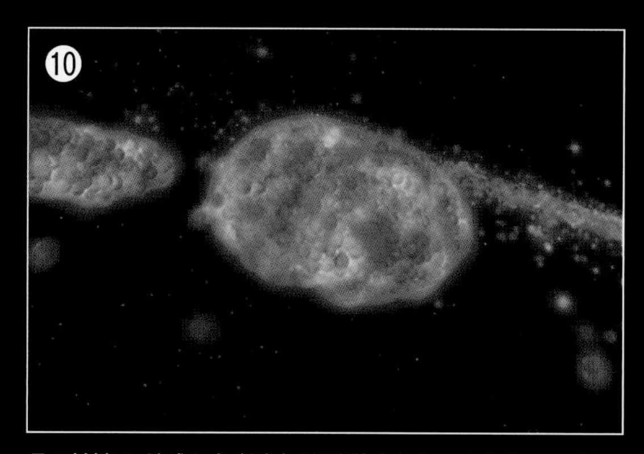

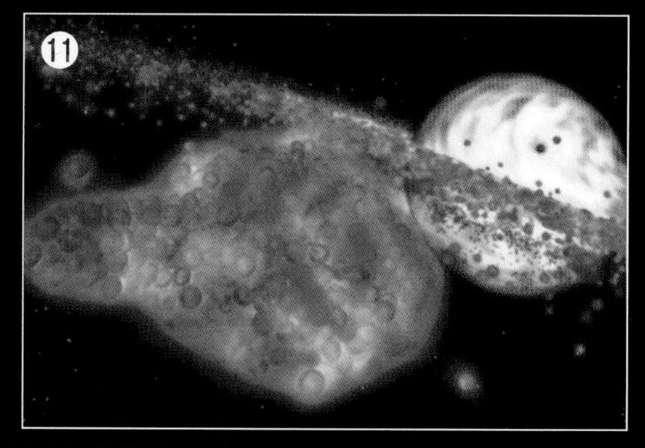

月の材料は、地球のすぐ近くでは潮汐力にじゃまをされて、塊にまとまることができなかった。
そのため、地球からある程度離れた場所で成長していった。

©Robin M. Canup、武田隆顕、国立天文台４次元デジタル宇宙プロジェクト

⑫

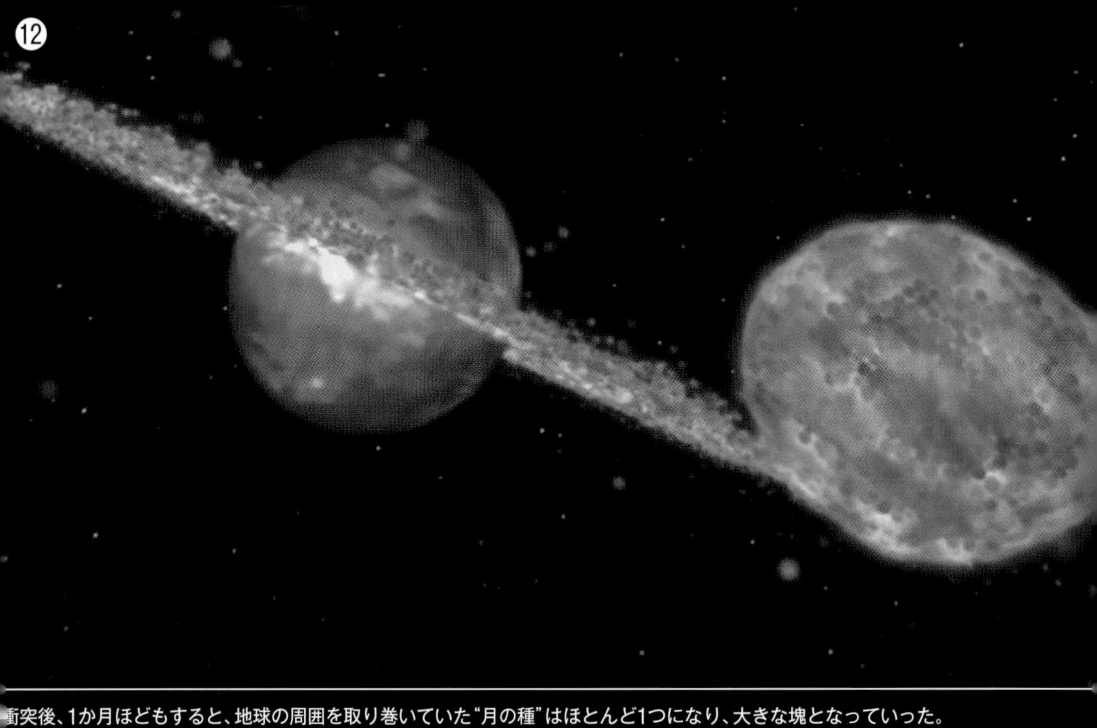

衝突後、1か月ほどもすると、地球の周囲を取り巻いていた“月の種”はほとんど1つになり、大きな塊となっていった。
それが月の始まりである。

⑬

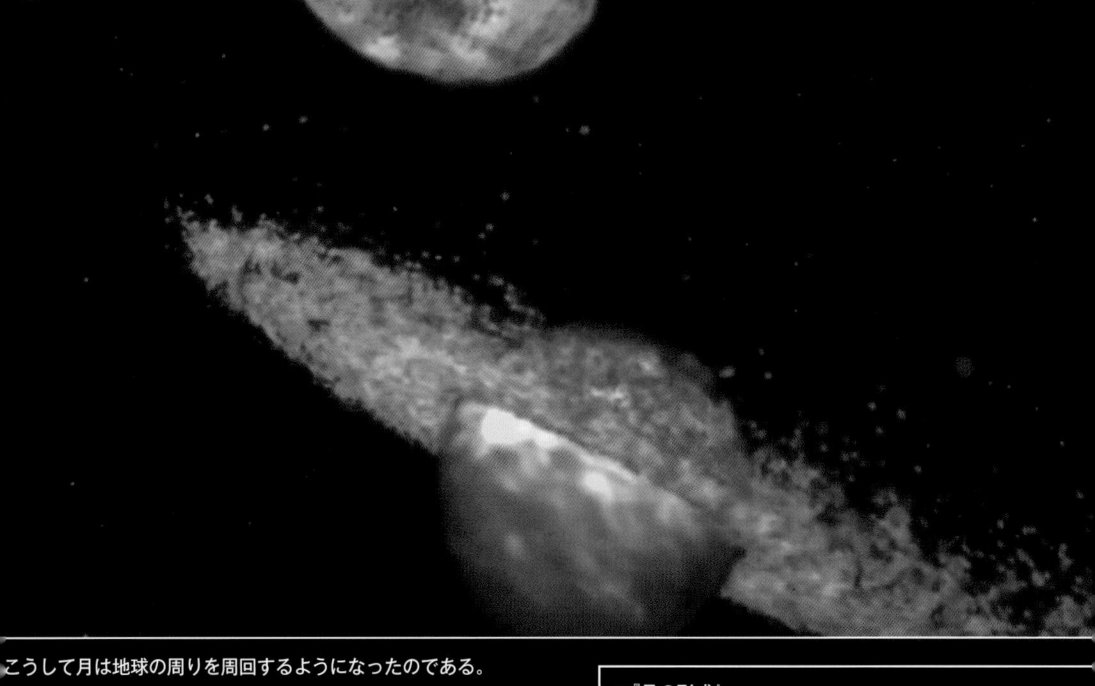

こうして月は地球の周りを周回するようになったのである。

●『月の形成』
可視化：武田隆顕
シミュレーション：Robin M. Canup（巨大衝突）
武田隆顕（月集積）
国立天文台４次元デジタル宇宙プロジェクト

現在、月は地球から約38万㎞の距離に位置しているが、誕生したばかりのころは、地球からほんの少ししか離れていなかった。現在の20分の1から16分の1程度の距離である。また、地球の周りを周回する公転速度はかなりゆっくりしていた。

一方、そのころの地球は今より太陽の近くを、今とほぼ同じ周期で公転していたが、自らは高速で自転しており、1日はわずか5時間ほどだったと考えられている。つまり、1年は1500〜2000日ほどもあったのだ。

しかし、月が地球を周回する速度は徐々に速くなると同時に、月は地球から遠ざかり始め、今の位置まで移動した。

それは今も続いており、月は1年に3.8㎝ずつ地球から離れている。それに対して、地球の自転は100年で1000分の1秒ほどのペースで遅くなっている。このペースで行くと、1億8000万年後には、地球の1日は25時間になると予想されている。月が存在することで潮の満ち引きが起きることはよく知られているが、それだけではない。月と地球は今でも影響を与え合い、新たな進化を続けているのだ。

▲月から見た地球　©NASA

■誕生した8つの惑星

太陽と8つの惑星

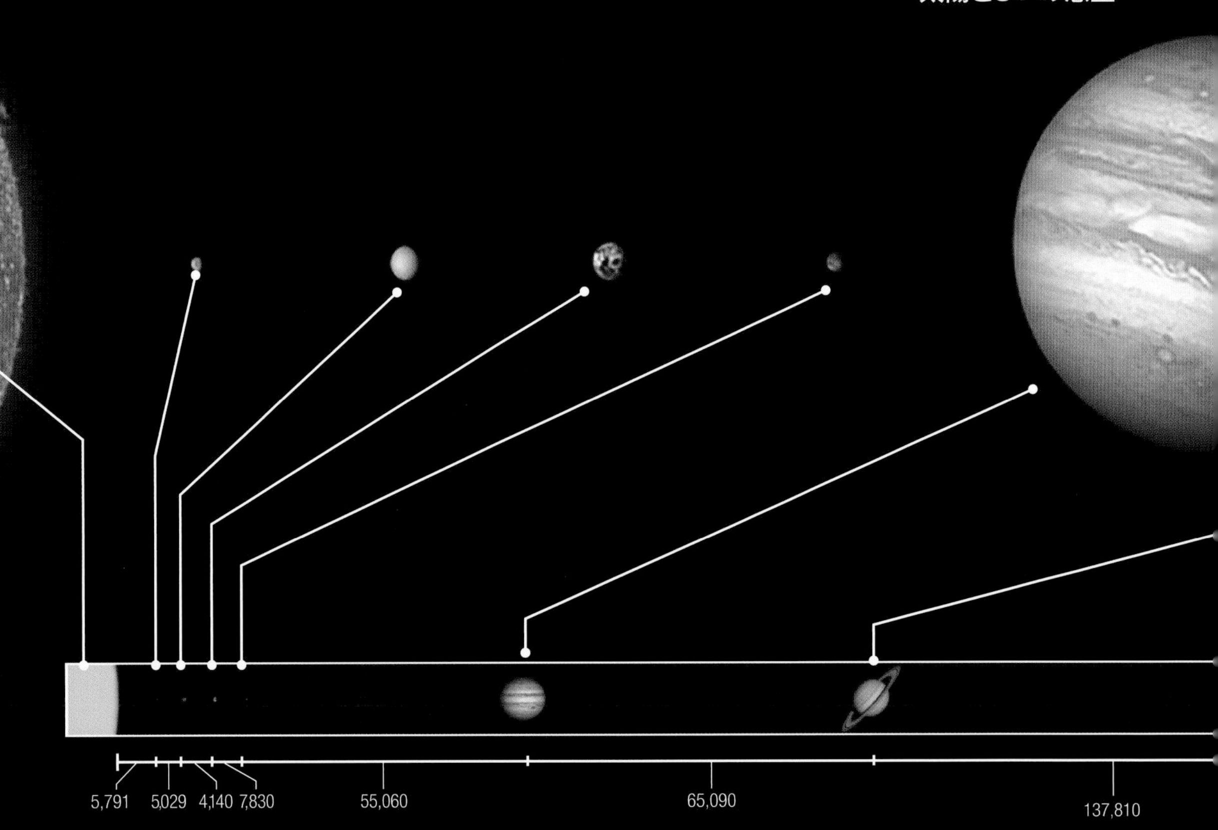

惑星の軌道

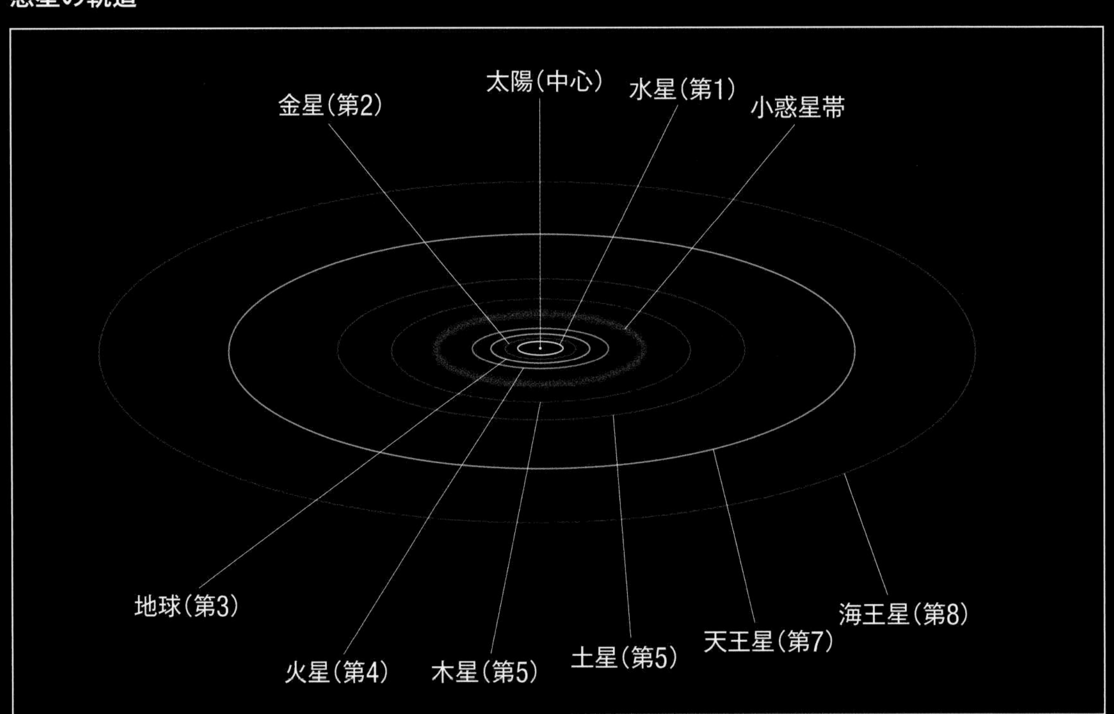

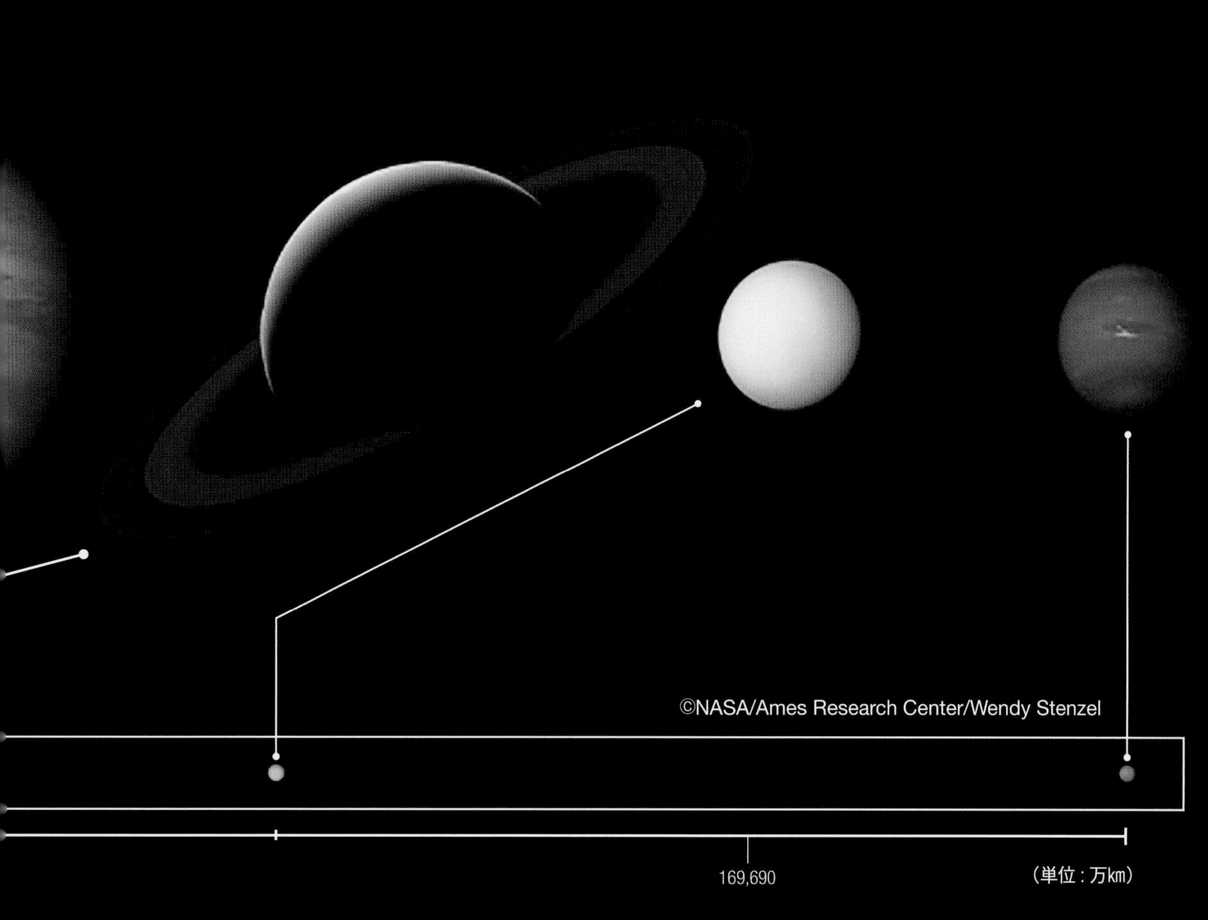

▲太陽系における惑星の大きさと、惑星間の距離

太陽系の惑星は、太陽を中心に、水星、金星、地球、火星、木星、土星、天王星、海王星の順で並んでいる。それぞれが描く軌道は左図のとおり。その公転周期は、地球を1とすると、水星は0.2、金星は0.6、火星は1.9、木星は12、土星は30、天王星は84、そして海王星は165となっている。正確にいうと、たとえば太陽に最も近い水星は87日23.3時間で太陽を1周するのに対し、最も遠い海王星は164.79年をかけて太陽を1周していることになる。

▲原始太陽系のイメージ　©NASA/JPL-Caltech

従来、惑星は現在存在している場所で誕生したとされていた。だが、スーパーコンピュータを使った研究などで、もっとダイナミックなドラマがあったのではないかと考えられるようになっている。それは、現在の場所でそれぞれの惑星が形成されたとすると説明できないことが少なからずあるからだ。

たとえば、惑星をもつ太陽に似た恒星では、地球よりはるかに大きな惑星が恒星の近く（太陽系における金星軌道よりも内側）を公転しているのが一般的であることがわかってきている。ところが、太陽系にはなぜか、そんな惑星は存在しておらず、それが大きな謎（なぞ）となっていた。また別の問題もあった。太陽系星雲から太陽系の惑星がつくられたことは間違いないが、外側にある惑星ほど原始惑星から現在の姿になるまでにはもっと時間がかかるはずだということがわかってきた。地球よりはるかに大きな天王星や海王星が今ある場所で誕生したとすると、コアを形成するだけでも100億年程度を要するはずなのである。しかし、それでは太陽系の今の年齢である46億年をはるかに超えてしまうことになる。

こうした矛盾が生じないようにするために研究者が考え出したのが、「木星型惑星㊟は、太陽の近くで誕生した後に移動していった」という説である

㊟木星型惑星：太陽系の惑星は地球型と木星型に大別される。前者は水星、金星、地球、火星を指し、後者は木星、土星、天王星、海王星を指す。地球型惑星は岩石や金属鉄からなり、木星型惑星はガスや氷を含む。木星型惑星は地球型惑星に比べて質量は大きいが、密度は小さい。

木星型惑星移動説とは

今、木星は太陽から5.2天文単位（1天文単位＝地球と太陽の距離。約1億5000万㎞）の軌道を公転しているが、誕生後、太陽系の中を大移動したと考えられている。

最初は太陽から3.5天文単位の場所で誕生した後、周辺のガスを取り込みながら太陽へと落ち込んでいった。しかし、現在の火星軌道にあたる1.5天文単位のところで停止する。それは土星の影響だった（ちなみに、このときはまだ火星は形成されていない）。

土星の形成は、木星とほぼ同じ場所で少し遅れて始まったが、木星と同じように太陽系の内側に落ち込んでいった。

しかし、そこでドラマが起きる。巨大な質量をもつ木星と土星が接近することで重力相互作用を起こし、移動する向きを外側へと変えてしまったのだ。

そして木星は太陽から5.2天文単位、土星は7天文単位のところまで移動。さらに土星はその後、現在の軌道である9.5天文単位のところまで移動した。

この木星の大移動が起きたとき、もうひとつの出来事が起きた。

太陽の近くには多くの小惑星が存在していた。それらは、太陽の熱によってカラカラに乾いた小惑星だった。木星はその中を公転しながらゆっくりと太陽に落ち込むことで、乾いた小惑星を内側から外側へと移動させていった。

また逆に、遠ざかるときには、スノーラインより遠くにあった氷でできた小天体を内側へと押しやった。

そのため、現在の小惑星帯には、乾いた岩石質のものと氷を含んだものが共存している。

この氷でできた小惑星は、まさに形成されつつあった地球に降り注いだ。その結果、地球は水を得て、「水の惑星」へと進化していくことになったと考えられている。

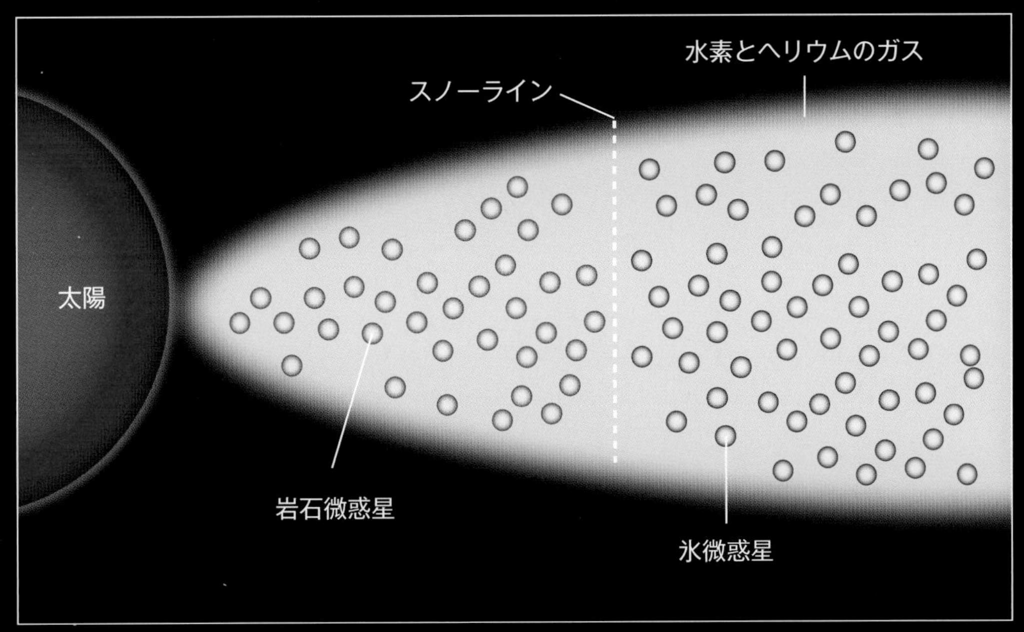

▲スノーライン概念図

スノーラインとは、水・アンモニア・メタンなどの水素化合物が凝集し、気体から固体となるのに十分な低温となる距離。太陽系の場合、スノーラインは太陽から約2.7天文単位（AU）あたりである。

また木星の内側への移動は、小惑星帯だけではなく、火星の形成にも大きな影響を与えた。そもそも星の材料となる物質は、太陽系原始円盤の内側より外側に多く降り積もっていたと考えられている。火星は地球や金星と比べて遠いところに誕生したのだから、材料がたくさんあったはずだ。それなのに、火星は地球と比較してかなり小さな質量しかもっていない。これは、木星が火星軌道に近づいたときに、その周辺にあった惑星の形成に適した質量の小天体をはじき飛ばしてしまったために、火星が十分成長できなかったためだと説明できる。より内側の軌道に位置している地球や金星は、木星の移動の影響を受けなかったのである。

この木星型惑星移動説は多くの研究者に支持されている。たとえば、コロラド大学のフェローだったレベッカ・マーチンと宇宙望遠鏡科学研究所のマリオ・リビオ博士も、2012年に下のような3つのシナリオを示したうえで、「惑星の軌道が大きく変わると、小惑星帯はすぐに解体されてしまう。かといって軌道変化がまったくなければ、小惑星帯が成長しすぎてしまい、巨大な小惑星が頻繁に襲ってきて、生命も誕生できない」としていた。

小惑星帯進化の3つのシナリオ

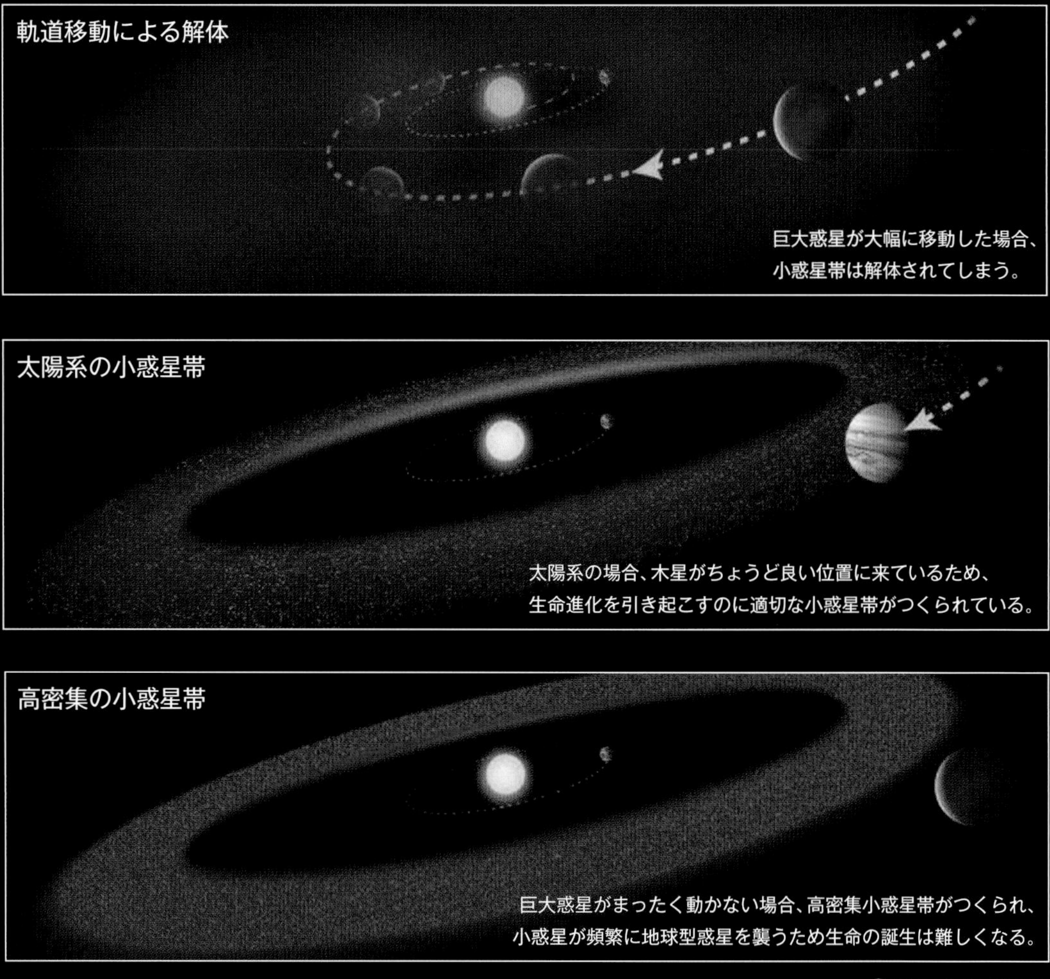

軌道移動による解体

巨大惑星が大幅に移動した場合、
小惑星帯は解体されてしまう。

太陽系の小惑星帯

太陽系の場合、木星がちょうど良い位置に来ているため、
生命進化を引き起こすのに適切な小惑星帯がつくられている。

高密集の小惑星帯

巨大惑星がまったく動かない場合、高密集小惑星帯がつくられ、
小惑星が頻繁に地球型惑星を襲うため生命の誕生は難しくなる。

©NASA/ESA/STScI

ちなみにこの理論モデルで、天王星や海王星も現在の軌道に近い場所に移動することも説明できた。系外惑星系では惑星の移動がしきりに起きていることが観測されているが、誕生して間もなかった太陽系も例外ではなかったというのである。

COLUMN

木星型惑星大移動説を裏づけたタギシュ・レイク隕石

2019年には、この惑星移動説を裏づける研究発表が、日本の研究グループによってなされた。きっかけとなったのは、タギシュ・レイク隕石（いんせき）と名づけられた小惑星の地球への落下だった。

2000年1月18日にカナダ北部に大火球が落下して人々を驚かせた。およそ200 t の小惑星が地球に近づいていたことは、アメリカの人工衛星によって事前に探知されていたが、それが落下してきたのだ。

それから8日後の1月26日、ブリティッシュ・コロンビア州北部にあるタギシュ湖の凍りついた湖面で、約500個の隕石の破片が発見された。

それは炭素質コンドライト（水を多く含む始原的隕石）と呼ばれる物質でできており、およそ45億年前に火星と木星の間にある小惑星帯をめぐる小惑星の一部だった可能性が高いとされた。そして多くの研究者によって分析が続けられた。

2019年7月には、茨城大学の藤谷渉（ふじやわたる）助教と東京大学の研究チームが、「隕石の鉱物が含む炭素を調べた結果、それが有機物由来のものである可能性は低く、母天体に固体として含まれていた二酸化炭素（ドライアイス）によって供給されたものとしか考えられない」としたうえで、「ドライアイスは凝固点が−200℃（0.0001気圧程度の宇宙空間での数値）と低いため、隕石の母天体は、太陽から遠い、木星軌道以遠であったと考えられる」と分析結果を発表した。

この藤谷渉助教らの研究チームの発表も、木星型惑星が大移動したことを裏づけるものとして大いに注目されている。

▲藤谷渉助教らが調べた隕石
茨城大学ホームページより

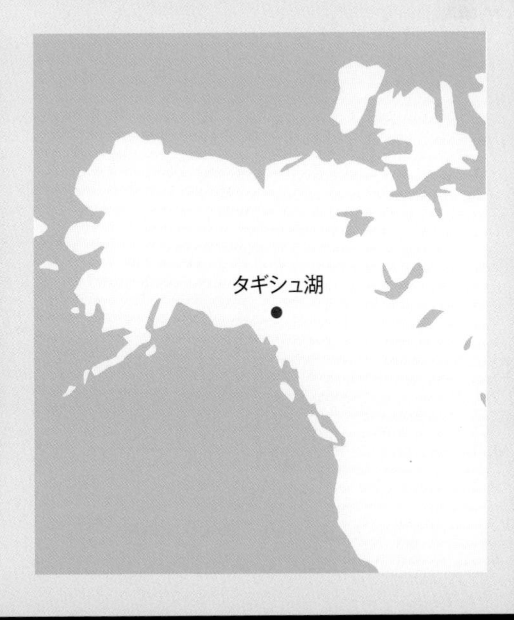

Chapter 3 地球と月の進化

▲国際宇宙ステーションから撮影した地球と月　©NASA

現在、地球は太陽系惑星の中では唯一生命にあふれた星だとされている。今後、他の惑星で生命体が発見される可能性はゼロとはいえないが、これほど多くの生命体に満ちた惑星は宇宙でも珍しい存在だろう。その地球と、地球に寄り添うように存在している月について学んでいこう。

■地球生命の誕生

▲地球と月　©NASA
宇宙で青く輝いている地球は「水の惑星」と呼ばれる。この水の存在により、地球上に生命が誕生したのだ。

原始地球と微惑星との衝突が続いたが、ジャイアント・インパクトからおよそ数百万年が経過すると微惑星の衝突も減少し、地球の温度は深い部分から低下し始めた。それとともにマグマオーシャンの表面は固まり始め、次第に地殻が形成されていった。

そのころ、地球はほぼ今の大きさまで成長していたが、分厚い雲に覆われており、地表が冷えるにつれて猛烈な雨が降り始めた。

このとき降り注いだのは、火山ガスに含まれる塩酸ガスや亜硫酸ガスが溶け込んだ200℃を超す高温・酸性の雨だった。その雨は数百年にわたって降り続いたと考えられている。そしてその雨によって原始海洋が形成されていった。43億7000万年前ごろのことである。

この時代の地層は、その後に激しい地殻変動によって破壊され、今ではごく限られたところでしか見られない。

しかし、たとえばグリーンランドの「イスア表成岩帯」(表成岩とは、地球表面に働く地質的な力によって生成される岩石のこと)は、38億年前の地層として知られ、その地層には堆積岩とともに海中に玄武岩質(げんぶがんしつ)の溶岩が流れ出した際に形成される枕状溶岩が含まれており、そのころには確実に海が存在していた証拠とされている。

イスア表成岩帯では、1999年には、グリーンランドの地質学者であるミニク・ロージングらがイスア表成岩帯で採取した38億1000万年前の堆積岩ストロマトライトから、グラファイト(2～5㎛)を発見して、それが最古の生命の証拠とされていた

グラファイトとは、堆積岩中に見られる炭素質の微粒子だ。もともとは有機物で、水素や酸素などの軽い元素も含んでいたものが、熱や圧力による変成作用で脱ガスして炭素だけが岩石の中に残ったものと考えられている。つまり、生物起源である可能性が極めて高い。

そのため、38億1000万年前のグラファイトこそ、生命の共通の先祖(LUCA[ルカ]:last universal common ancestor)だといわれていた。しかしその後も、新たな発見は続いた。

40億年前には始まっていた生命活動

東京大学の小宮剛[こみやつよし]准教授らの研究グループは2011年以降、カナダの北ラブラドル地域のサグレックでイスア表成岩よりも古い39億5000万年以上前に形成された変成堆積岩(ヌリアック表成岩)の詳細な地質調査を行っていた。より古い時代の生命活動の痕跡[こんせき]を探していたのだ。

そして、その努力は報われた。同グループは、2017年9月に科学雑誌『Nature』に、ヌリアック表成岩の中から39億5000年前のグラファイト(数十〜数百μm)を発見したことを発表し、約40億年前の海洋で生命活動が行われていたと結論づけた。

それは、世界最古の生命出現の時期を、従来の推定より1億5000万年も遡[さかのぼ]らせる発見だった。

ちなみに、このころの太陽は今より25%も暗く、月は今より地球に近い軌道(現在の2分の1の距離)を周回していたとされている。

もし、タイムトラベルが可能だとしたら、雲間から、今よりはるかに巨大な月が眺められることだろう。

▲太古代(40億〜25億年前)の地層が見られる地域

■降り続く雨が海を中和し、大気圧を低下させ、磁場を出現させた

数百年にわたって降り続いた雨は、地球を新たなステージへと向かわせることとなった。風化浸食作用によって陸上から海に流れ込んだ岩石（火山活動でできた玄武岩や花崗岩）に含まれていたカルシウム、マグネシウム、カリウムなどと酸性の海水が反応して、猛毒の海が徐々に中和されていったのだ。

さらに雨は大気中の二酸化炭素も吸収して海へと降り注いだ。

その二酸化炭素が海中のカルシウムイオンと反応して炭酸カルシウム（石灰岩）となり、海底に固定化されていくことで大気中の二酸化炭素が急激に減少していき、その結果、大気圧はどんどん低下し、大気の組成も窒素を中心とする現在の大気に近いものとなっていった。

またこのころ、プレートテクトニクス（マントル対流による地殻プレートの移動）が始まった。

地球内部から上昇するマントル対流によって裂け目を生じた海洋部分の地殻（海洋プレート）はもち上がり、巨大な海嶺（海底山脈）をつくったが、それが自らの重みで横滑りを起こして、大陸を形づくっていたプレート（大陸プレート）の下へと沈み込んでいった。

これは、主としてマグマが地上で冷えてできる花崗岩で形成されている大陸プレートの密度が2.7g/㎤なのに対し、マグマが海底で海水と接触したときにできる玄武岩で形成されている海洋プレートの密度は3.0g/㎤で、海洋プレートのほうがより密度が大きいためである。

またそれと同時に、海嶺から溶け出た鉄やニッケルなどの重金属類はプレートとともにマントルの深部へと閉じ込められていき、それにより地球は磁場をもつようになった。

地球の磁場の99％は、地球内部の鉄やニッケルを多く含んだ核（コア）が自転と熱対流によって回転することで電流を生じることで生み出されるが、およそ42億年前までに、地球の中心部には鉄を主体とした液体の外核ができ、そこで発生した電流によって、強い磁場が生まれたと考えられている。

この磁場によって地表に降り注ぐ宇宙線が緩和されることとなった。

その結果、生命に、より進化するチャンスがめぐってきたのである。

現在の地球の磁気圏は、吹き寄せる太陽風に煽られ、夜側に長く延びている。

そして、この地球磁場がとらえた荷電粒子（陽子や電子）が2重のドーナツ状に地球を取り囲み放射線を放っている。この放射線帯を、発見者にちなんでヴァン・アレン帯というが、もし地球に磁場がなければ、ヴァン・アレン帯がつくられることもなく、すべてが有害な放射線として地球上に降り注いでいたはずだ。

つまり、地球の生命は磁気圏によって、有害な宇宙線から守られているということである。

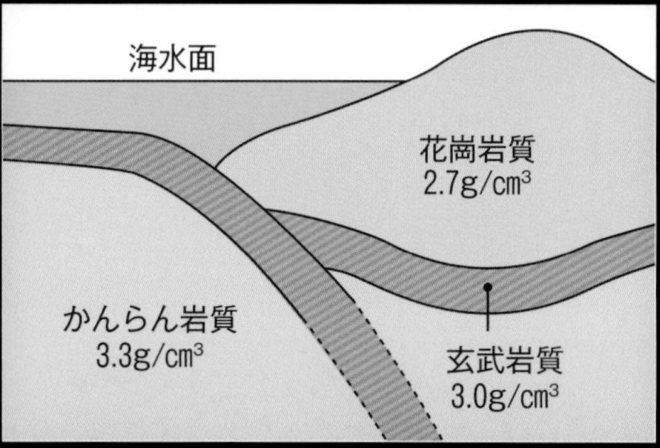

▲地殻・マントル上部の密度
『ひとりで学べる地学』（清水書院）より

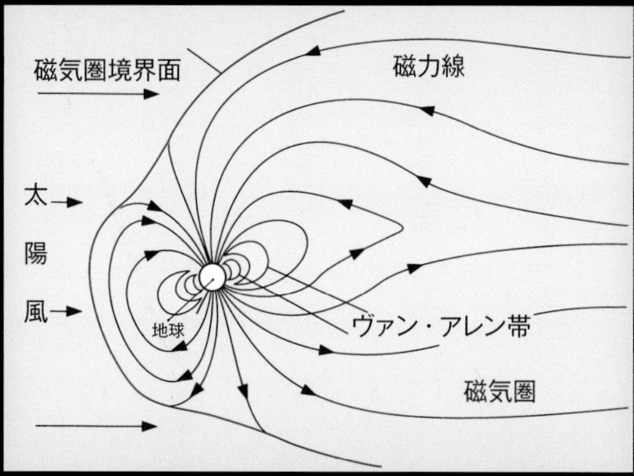

▲太陽風から生命を守っている地球の磁気圏
『ひとりで学べる地学』（清水書院）より

COLUMN

①最後の地磁気逆転とチバニアン時代

2020年1月、千葉県市原市田淵の養老川沿いにある約77万年前の地層「千葉セクション」が地質学の基準である「国際標準地」に登録され、およそ77万年前から12万年前の時代を「チバニアン」と命名することが、国際学会（国際地質科学連合）で決定された。

地質学では「国際標準地」などを基準に、地球の約46億年の歴史を117の時代に区分していたが、この決定により、地球の歴史に「チバニアン」という時代が新たに加えられることとなったわけだ。

日本の地層が国際標準地に登録されたのは初めてのことだが、国際学会がこの決定を下したのは、千葉セクションが更新世時代前期と中期の境目にあたる地層で、その中の鉄を含む粒子に、地球の地磁気が数千年をかけて逆転した痕跡がはっきりと残されていたからである。それは、現在までに少なくとも15回起きたとされる磁場逆転の最後にあたる重要な節目だった。

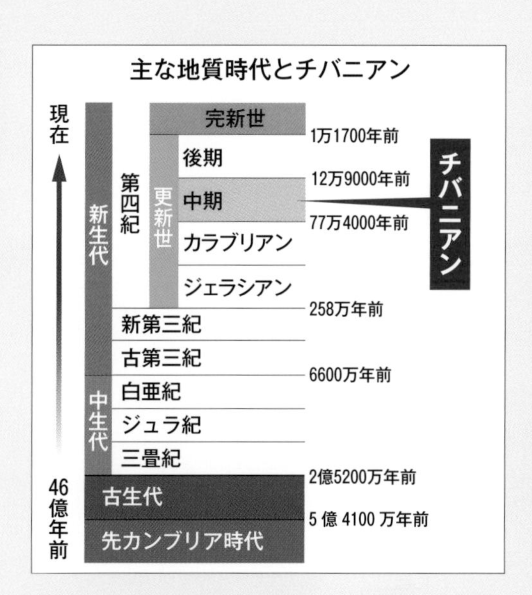

②今も変化を続けている地球磁場

地球の地磁気北極（磁石としてはS極）は、北極点（自転軸の北＝北緯90度）にあるわけではない。2015年現在は北緯80.4度、西経72.6度のクイーンエリザベス諸島付近にある。

一方、地磁気南極（磁石としてはN極）は南緯80.4度、東経107.4度の南極大陸内の東南アジア寄りにある。そのため方位磁針は真北と真南を指さず、わずかにずれることになるが、磁北が真北より東側にある場合を東偏、西側にある場合を西偏と呼ぶ。

右図の青色が西偏、赤色が東偏だが、現在、日本では南鳥島（偏角０度）を除くすべての地域で西偏となっている。

地磁気の99％は地球内部を起源とする主磁場で構成されているが、数年から数百年の時間スケールで変化している。そのため、地球規模の地磁気変動の監視が行われ、国際地球電磁気学会の地磁気モデル作業委員会によって、5年ごとに最新の情報が公表されている。

ちなみに、欧州宇宙機関（ESA：European Space Agency）が、2013年に打ち上げた地磁気観測衛星「SWARM」の観測データによると、地球の地磁気は「10年間で5％」というペースで強さが減少していることが明らかになっている。仮にこのペースで地磁気が弱くなり続けると、2000年後には強さがゼロに達する計算となる。

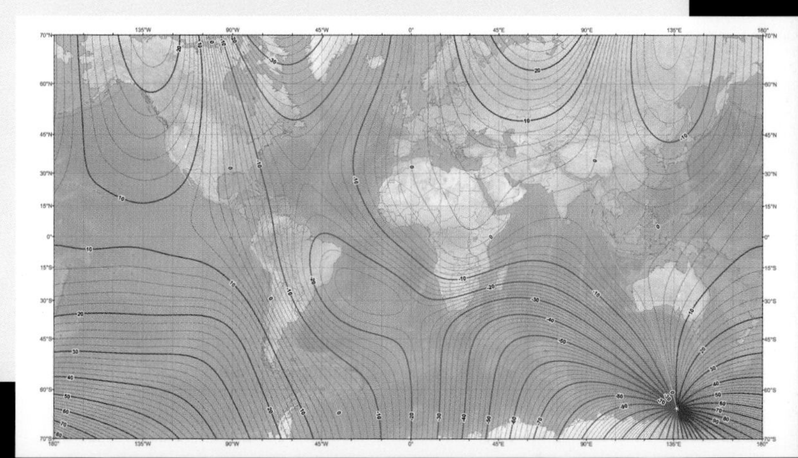

▶国際標準地球磁場モデル（2015年）NOAA

■地球の内部構造

▲地球の内部構造のイメージ　©iStock／Rost-9D
地球自体が1つの生命体であるかのようだ。

約39億5000年前まで遡（さかのぼ）れる地球生命の歴史だが、いったいどんなプロセスを経て生命は誕生していったのだろうか。

現在、有力視されているのは、「原始地球の地下の間欠泉が地球で最初の生命が誕生する舞台となった」とする説である。

この説を説明する前に、まず地球の構造をおおづかみに説明しておこう。

地震波は、地球内部構造を知る最も有力な手段である。地震波の伝わる様子を地球規模で観測すると、震央角距離（中心角）103度まではＳ波（横波）もＰ波（縦波）も観測されるが、震央角距離103～143度ではいずれも観測されなくなる。

この地震波が観測されない103～143度の地域をシャドー・ゾーン（99P図参照）というが、これは、光が空気中から水中へ入るとき、反射や屈折をするように、地震波も性質の異なる層に入るとき、反射や屈折をするからだ。

震央角距離103度までの地域では地震波（Ｐ波Ｓ波）は、地殻とマントルを通って伝わるが、シャドー・ゾーンではＰ波もＳ波も観測されず、143度以遠で観測されるのはＰ波のみとなる。

こうした現象が起きるのは、外核が液体だからである。

そもそもＳ波は固体の中しか伝わらない。だから外核を通過できずに、それ以上伝わらない。一方Ｐ波は液体中でも固体中でも伝わるが、外核を通過するときに屈折するため103度から143度の地域には伝わらないものの、143度以遠の地域には伝わるのだ。

これが、地球の外核が液体状であることの有力な根拠となっている。また、このＰ波の伝わり方を調べることで、内核は固体であることもわかってきたのである。

ちなみに、地殻やマントルは種々の元素の酸化物で構成されているが、その中でも二酸化ケイ素は地球の岩石の骨格をなすものである。

地殻の質量の半分以上はこの二酸化ケイ素で占められている。マントルも約50%が二酸化ケイ素で構成されているが、地殻よりも酸化マグネシウム、酸化鉄といった密度が大きい酸化物が多い。核は約85%が鉄からできており、ニッケルなどを含む合金となっていると推定されている。

現在の地球全体の化学組成は、研究者によって多少異なるが、重量パーセントで多い順に鉄（約35%）、酸素（約30%）、ケイ素（約15%）だ。

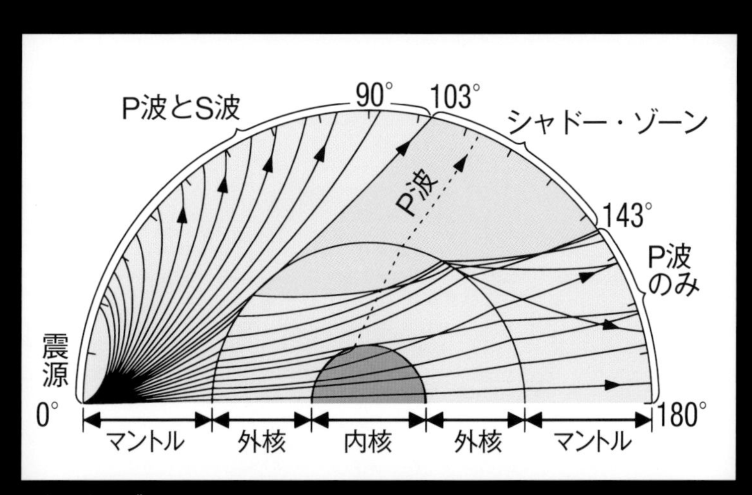

▲シャドーゾーン

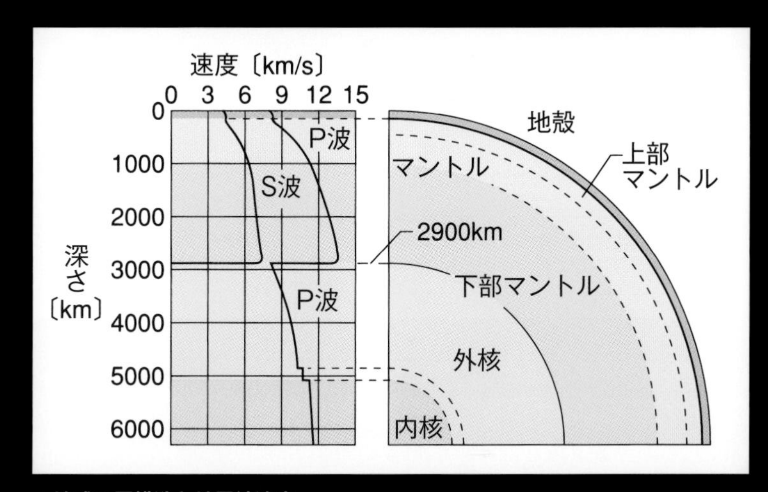

▲地球の層構造と地震波速度

『ひとりで学べる地学』（清水書院）より

地殻	固体の岩石からなる。大陸地殻と海洋地殻に分けられる。
マントル	固体だが流動性がある。地下約2900kmまでで、かんらん岩質岩石からなる。
核	鉄とニッケルからなるが、外核と内核に分けられる。外核は地下約5100kmまでで液体と考えられる。外核より深部の内核は固体と考えられている。

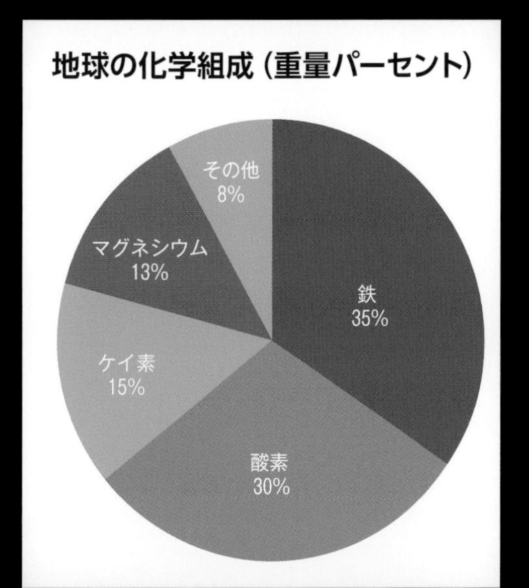

プレートテクトニクスによる世界のプレートの動き

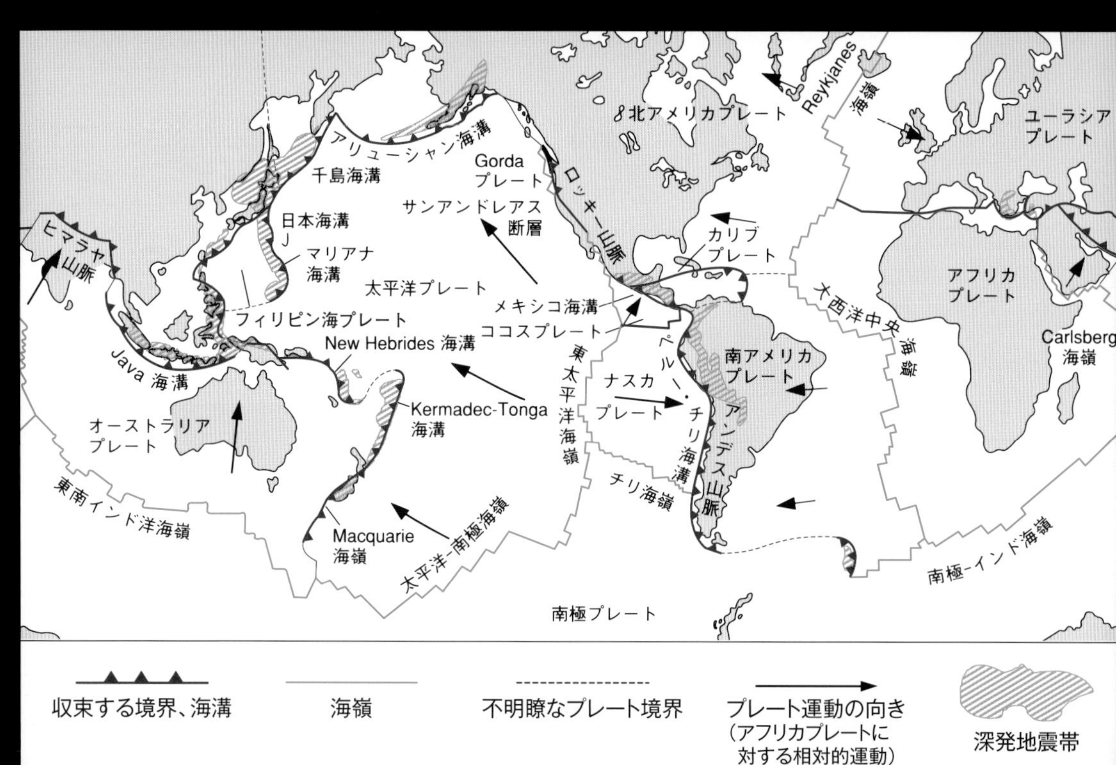

地球は内部ほど高圧で、中心では360GPa（約355万気圧）となっている。また、温度も約5000〜6000Kと推定されている。これは太陽の表面温度にも匹敵する高温だ。

その熱が前述したプレートテクトニクスをはじめとするダイナミックな現象を引き起こしているのだが、1980年代以降、地震波トモグラフィー（地震波による断面図）によりマントル内に大規模な下降流と上昇流が発見され、それぞれスーパーコールドプルーム、スーパーホットプルームと名付けられた。

プルーム（plume）とは英語で煙や雲の柱を意味するが、現在、アジアの地下にスーパーコールドプルームが存在しており、地表ではアジアに向かってすべての大陸が集まりつつある。また南太平洋とアフリカの地下にスーパーホットプルームが存在しており、これらから枝分かれした小さな多数のホットプルームが、各地にホットスポットとして存在している。

このスーパープルームの下降・上昇によって地球内部では1億〜4億年周期で全地球的な対流が起こっていると考えられており、プルームテクトニクス理論と呼ばれている。

このプルームテクトニクスが超大陸の誕生・分裂、地表の環境、さらには生物の進化や絶滅に多大な影響を与えてきたのである。

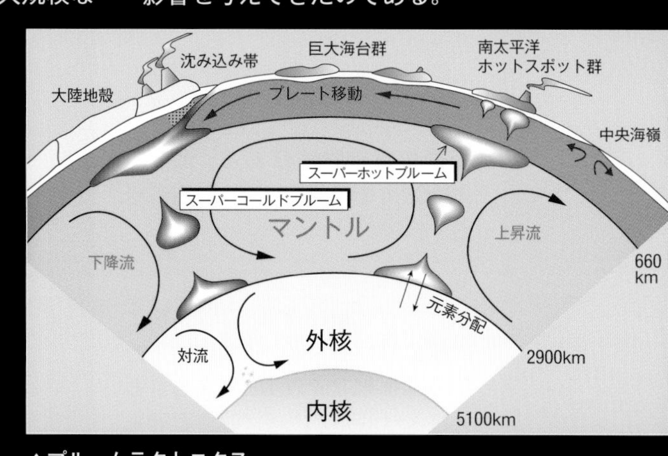

▲プルームテクトニクス

図版はいずれも『ひとりで学べる地学』（清水書院）より

COLUMN

地球の未来

　これから先、たとえば巨大な彗星(すいせい)や小惑星が衝突する可能性もあるし、地球に近いところで超新星爆発が起きることも考えられる。もしそんなことが起きれば、地球生命体は致命的なダメージを受ける。そうならなくても長期的に見ると、地球は赤道傾斜角などの変化によって氷河期に向かっていると考えられている。たとえば、現在の地球の地軸は軌道面の垂線から23度26分21.406秒傾いているが、約1万2000年後には約22度になると予測されているし、15億～45億年後の間には最大90度に達するという説もある。

　あるいはプレートテクトニクスによって、2億5000万～3億5000万年後には、1つの超大陸が形成されるとも考えられている。当然、そうした気候や地殻の変化は地球に生きるすべての生命体に大きな影響を与えることになるだろう。

　そして約10億年後には、膨張する太陽の光度は現在よりも10％増加する。これにより地球の大気は乾ききって海洋も姿を消す。その結果、プレート運動は停止し、20億～30億年後には地磁気圏が消失して外気圏から宇宙空間への軽元素流出が増加。さらに40億年後には、地表温度の上昇に伴い、暴走的な温室効果が引き起こされ、地球表面は高温によって融解する。この時点で地球のすべての生命が絶滅する。そうして生物が姿を消した地球は、およそ75億年後には赤色巨星(せきしょくきょせい)化した太陽に飲み込まれて、その一生を終える。

▲太陽に飲み込まれる地球のイメージ　©Fsgregs at the English language Wikipedia project

■月と地球の関係

月は地球から約38万4000㎞の軌道を公転している。地球から見ると、月が地球の周りを回っているように見える。

しかし、遠く離れて月の軌道を見ると、下図のように、地球の前後左右を蛇行しながら、太陽の周囲を回っていることがわかる。

実は月も蛇行しながら太陽の周りを公転しているのだ。恒星に対して月が天球上を1周する時間を恒星月と呼ぶが、月の公転周期は27.321662日である。

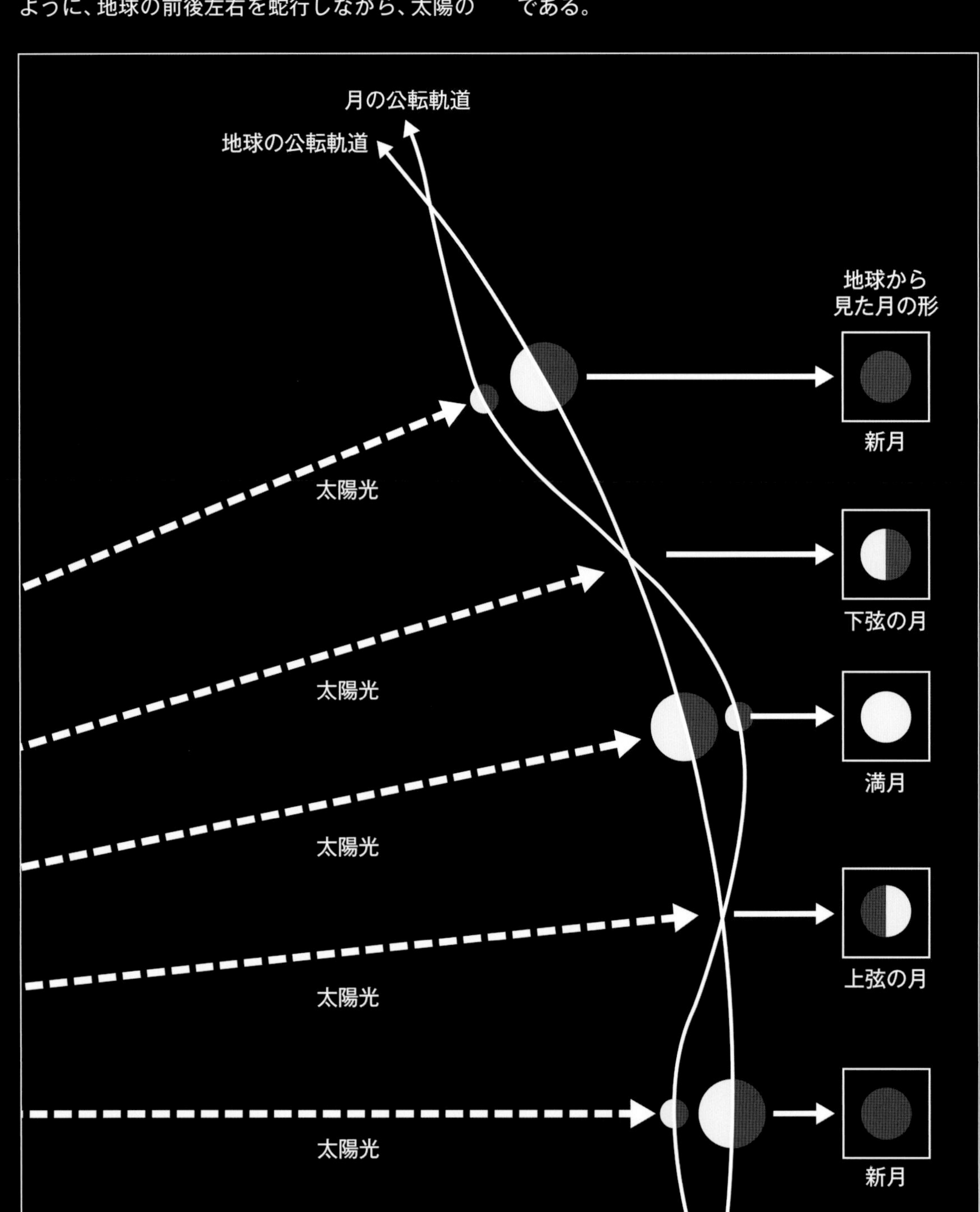

▲地球と月の公転軌道

■月探査の最前線

月に人類による直接的な探査の手が届いたのは、1959年9月14日、ソビエト連邦が、宇宙探査機ルナ2号を月の表面（晴れの海の西部）に衝突させたときのことだった。

さらに約1か月後の10月7日、ソビエト連邦はルナ3号で月の裏側を撮影した。

以来、アメリカとの間で宇宙開発競争が激化したが、初めて月面に降り立ったのは、アメリカのアポロ11号のニール・アームストロング船長と月着陸船イーグルの操縦士であるエドウィン・オルドリンだった。1969年7月20日午後4時17分（日本時間）のことである。

▲月面でポーズをとるエドウィン・オルドリン（1998年に「バズ・オルドリン」に改名）　©NASA

以来、アメリカはアポロ12号、14号、15号、16号、17号と有人月面着陸を成功させたが、最後のアポロ17号が1972年12月14日に帰還して以降、2019年12月現在にいたるまで、人間を月面に着陸させることに成功したのはNASAのアポロ計画だけとなっている。そして、このアポロ計画の終了後、月面探査はしばらく低調だった。なにしろ、宇宙開発にはお金がかかるからである。

▲アポロ15号の月面着陸。敬礼をしているのはジェームズ・アーウィン宇宙飛行士　©NASA

加速する月探査競争

しかしここに来て、再び月面探査競争が熱を帯びてきた。その先頭に立っているのは中国だ。中国は、2007年10月24日に四川省の西昌衛星発射センターから月周回衛星「嫦娥1号」を打ち上げ、高度200kmの軌道に乗せることに成功。2010年10月1日には嫦娥2号を打ち上げ、月の周回軌道に乗せた後、地球近傍小惑星とのフライバイにも成功した。

また2013年12月1日には嫦娥3号を打ち上げ、14日に月面に軟着陸させることに成功、さらに2018年12月7日には嫦娥4号を月面に着陸させ、探査車「玉兔2号」を展開し、月の裏側の大きな盆地を探査した。

こうした積極的な中国の姿勢の裏には、将来を見据えての資源開発という大きな目的があるといわれている。たとえば、月の北極や南極付近には水が氷の形で存在していると見られているし、月の高地にある斜長石にはアルミニウムが多く含まれている。また、チタンと酸素が結びついてできているイルメナイトという鉱物からは、酸素やチタン、鉄などを取り出せるし、月の表面を覆っている月の砂（レゴリス）からもそうした鉱物資源やヘリウム3を取り出せるのではないかと考えられている。これらの資源を確保することは将来的に重要なことだし、月を惑星探査の基地とするうえでも必要不可欠だというわけだ。

それに対してアメリカは、2019年5月に、2024年までに再び月面に宇宙飛行士を送り込み、生活させる計画（アルテミス計画）を始動させると発表している。

また日本も、2007年9月14日に月周回衛星「かぐや」と2つの子衛星（「おきな」と「おうな」）を打ち上げて本格的な月探査を開始。2009年6月11日にギル・クレーター付近に制御落下させるまで、約1年半にわたり月を周回しながらさまざまな観測を行い、大きな実績を上げており、今後、アメリカのアルテミス計画に参加することが期待されている。

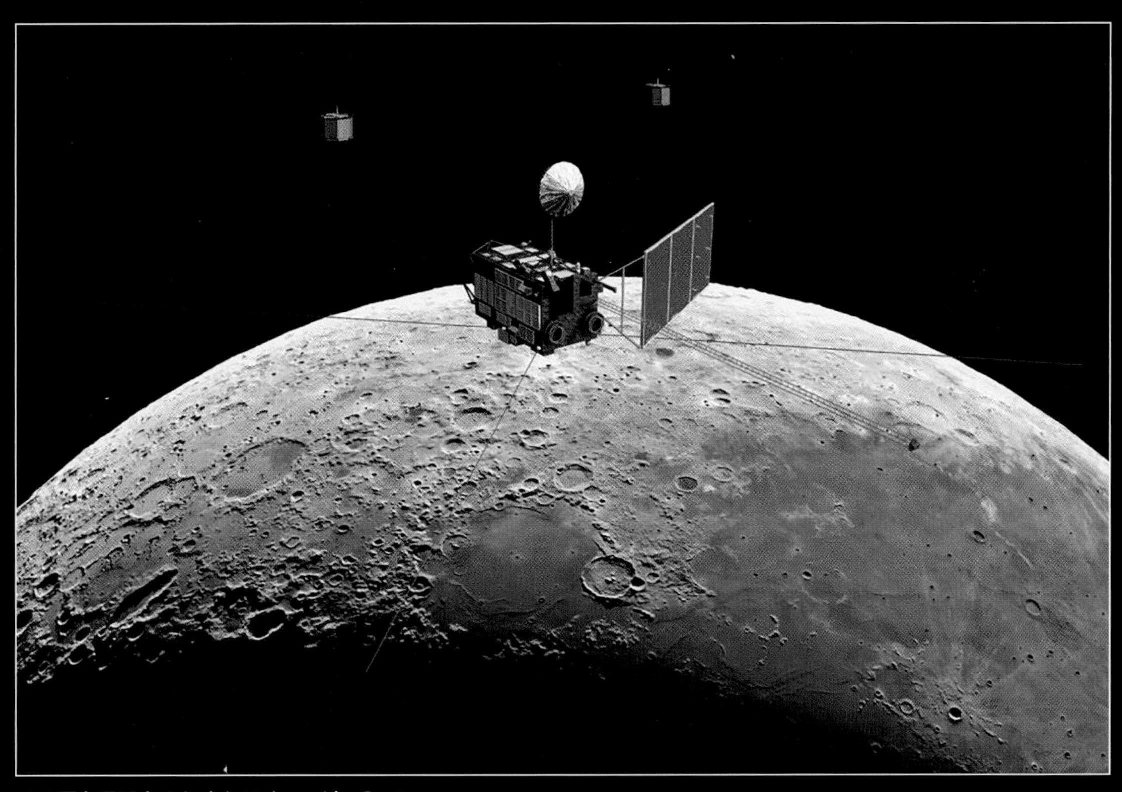

▲月面を周回するかぐやのイメージ　©JAXA

かぐやの観測データをもとにつくられた月の地図

表側

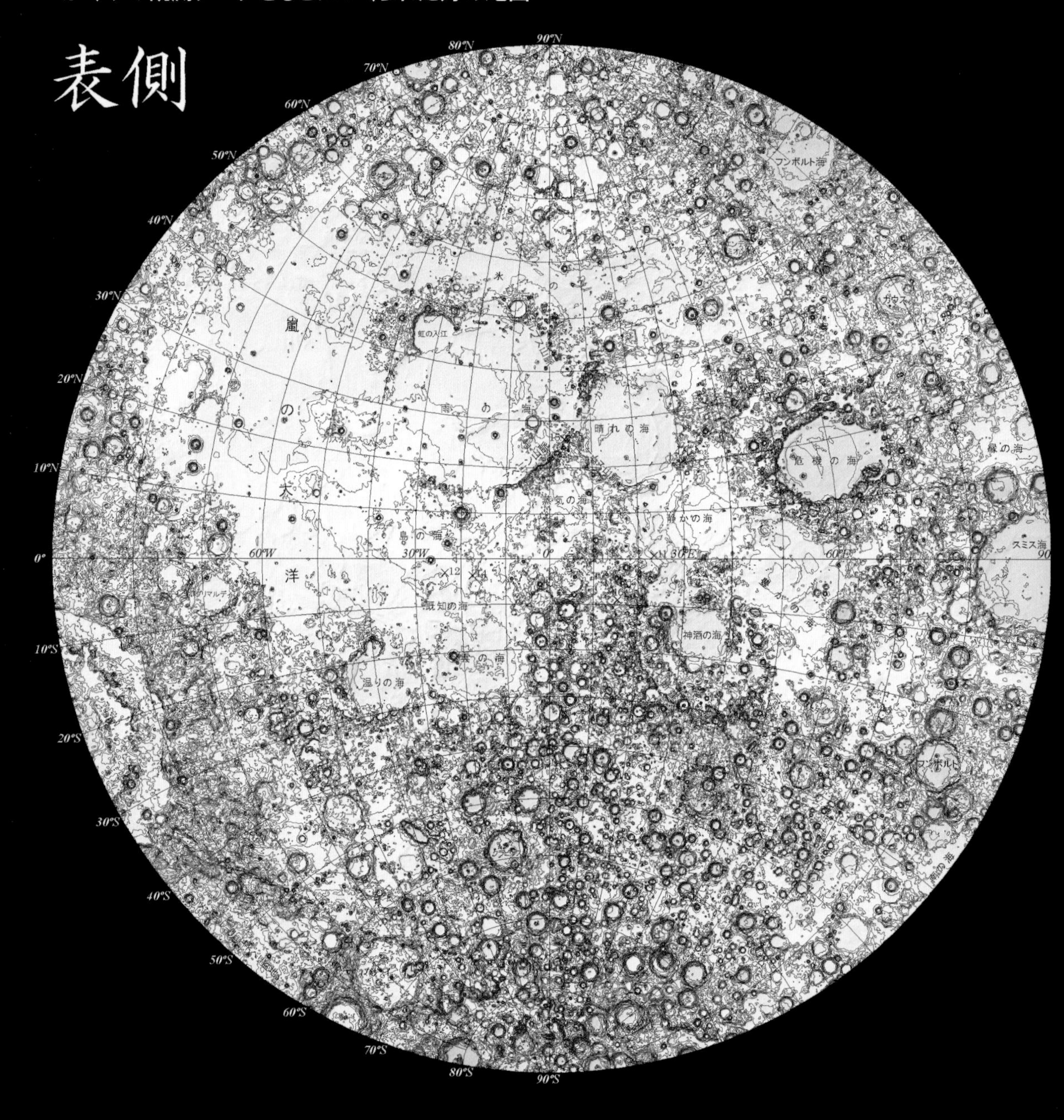

＋	最高地点　158.64°　W 5.44°　N 10.75 km
＋	低地点　172.58°　W 70.38°　S -9.06 km
	アポロ宇宙船着陸地点（数字はミッション番号）

LALTのデータ処理・解析　自然科学研究機構 国立天文台
地 形 図 の 作 成　国土交通省 国土地理院

裏側

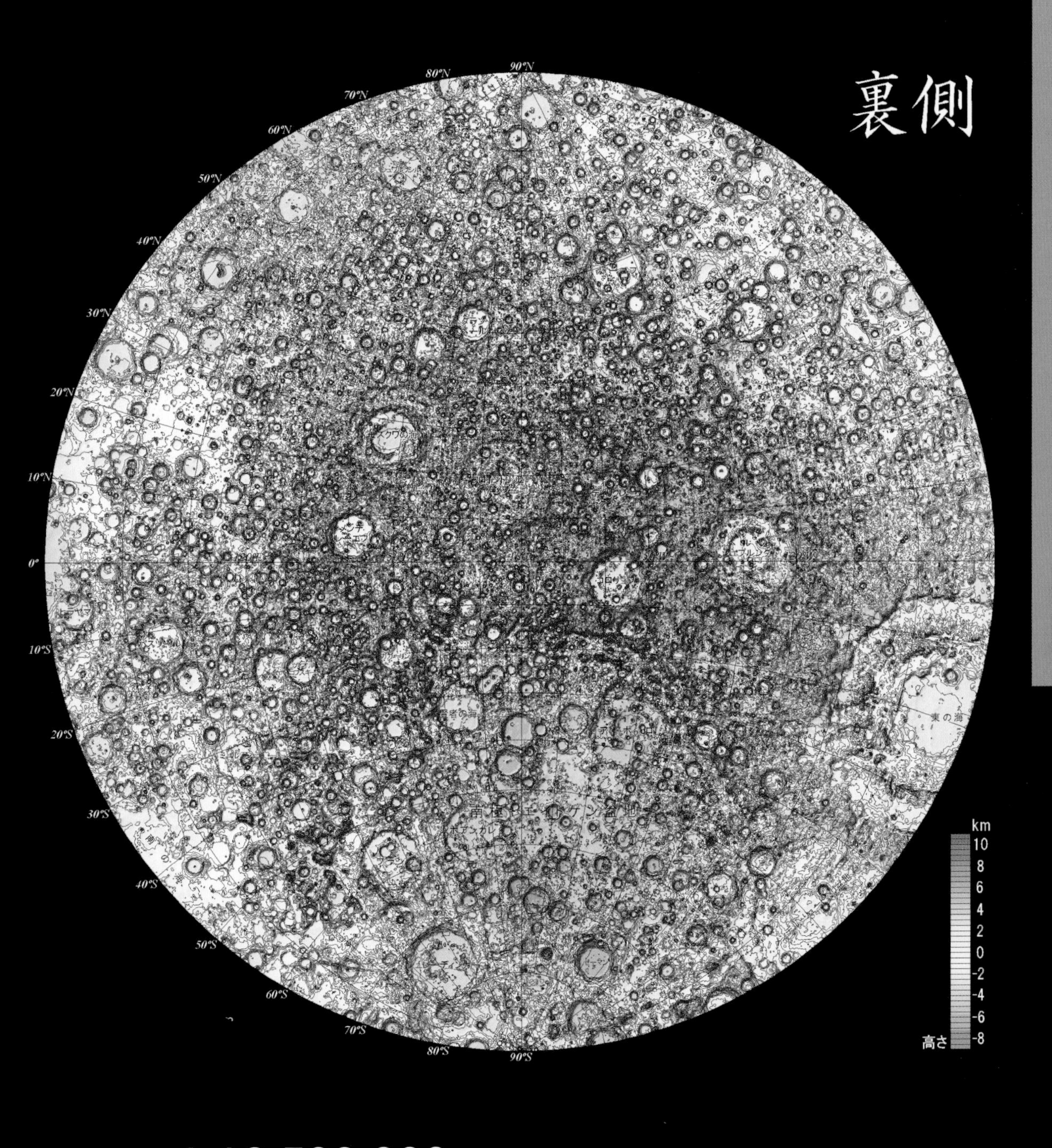

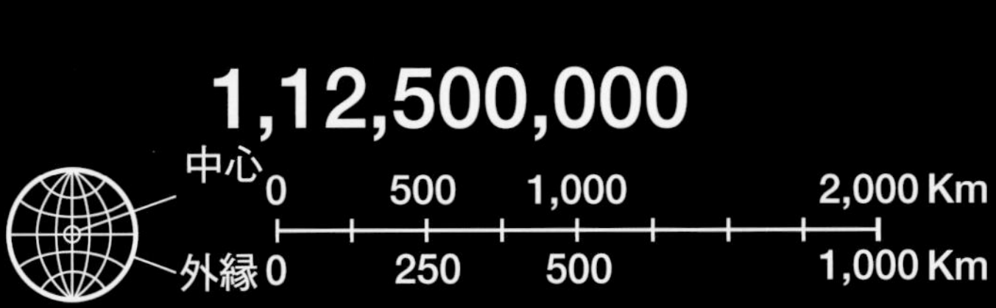

平射図法の縮尺は、地図の中心から離れるに従い大きくなる。地図の中心では、1:12,500,000だが、外縁では2倍に拡大され、1:6,250,000となる。上のスケールバーには、中心と外縁での距離が示されている。

Chapter 4 進む太陽系探査

▲太陽と太陽系の惑星
©NASA / Moore Boeck

太陽の重力に支配された8つの惑星

天の川銀河系には無数の惑星群が存在する。そのうちのひとつが「太陽系」である。太陽系は、水星・金星・地球・火星・木星・土星・天王星・海王星の8つの惑星と、5つの準惑星、それらの周りを公転する衛星、その他に数多くの小惑星、彗星（すいせい）からなる。

太陽から海王星までは45億㎞で、地球は太陽からは平均で約1億5000万㎞（1天文単位）である。8個の惑星はほぼ同一平面上を公転する。この平面を黄道面という。太陽の質量は、太陽系全体の質量の99.866%を占めるほど巨大であり、太陽は太陽系内のすべての天体を重力的に支配している。

■太陽系の惑星は「地球型」と「木星型」

▲太陽と太陽系惑星の軌道のイメージ　©NASA
左から、太陽、水星、金星、地球、火星、木星、土星、天王星、海王星。この8つが太陽系の惑星である。その外側を周回しているのが冥王星でかつては惑星とされていたが、2006年に準惑星に分類されることとなった。

太陽系が誕生したのは、約46億年前。ガスと固体の粒子が分子雲をつくり、何かのきっかけで密度が高まり、星間雲(せいかんうん)ができた。これらがさらに収縮して平べったいガス円盤ができた。これが原始太陽である。

ガス円盤は誕生して数十万年後、ガス円盤の中の塵(ちり)が集まり、合体して直径数㎞の微惑星が無数に誕生した。その微惑星はさらに周囲の岩石やガスを取り込みながら成長して、原始惑星を形成していった。しかし、どこでも同じような原始惑星ができていったわけではなかった。太陽が発する放射圧(電磁波を受ける物体の表面に働く圧力)が、惑星形成に大きな影響を与えていったのだ。

太陽の近くからは、太陽の放射圧によって、ガス状の物質が遠くに吹き飛ばされて、後には、主として岩石質の物質しか残らなかった。そのため、太陽の近くでは岩石質の小柄な惑星が形成されていった。これらを地球型惑星といい、水星、金星、地球、火星がそれに該当(がいとう)する。

一方、火星の外側では吹き飛ばされたガスがまとまって、難揮発性(なんきはつせい)のコアの周囲を液体あるいは気体の水素やヘリウムが取り巻く巨大な惑星へと成長していった。これらを木星型惑星といい、木星、土星、天王星、海王星が該当する。

■太陽の素顔

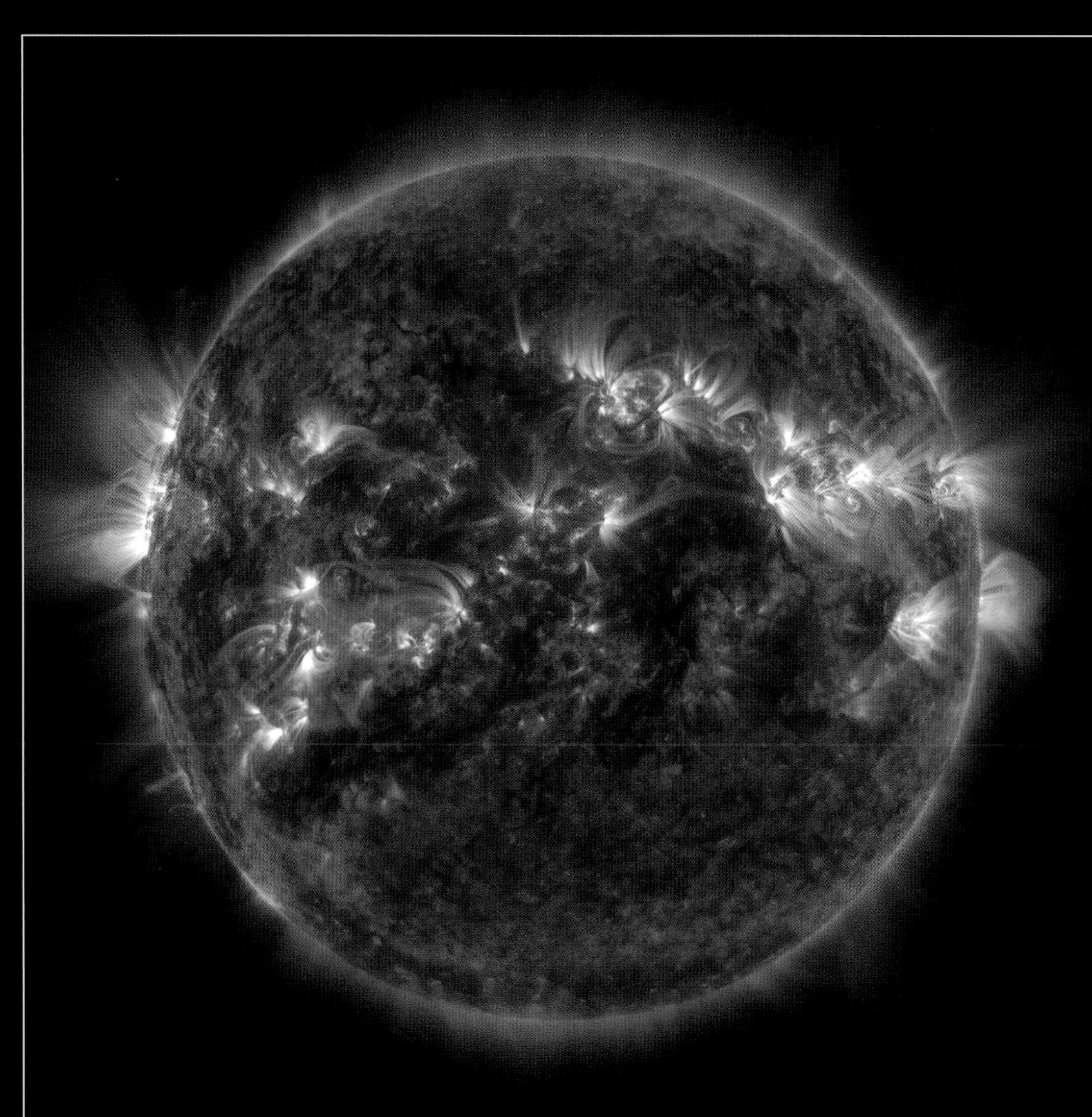

▲NASAの太陽観測衛星「ソーラー・ダイナミクス・オブザーバトリー（Solar Dynamics Observatory：SDO）」がとらえたフレアが飛び出す太陽の表面　©NASA / SDO

太陽は直径139万2000㎞、地球の約109倍の巨大なガスの塊で、主成分は水素70%、ヘリウム30%弱で、その他は炭素、窒素、酸素などが占めている。

その太陽の中心部では、水素がヘリウムに融合されて原子核エネルギーが生まれる「核融合反応」が連続して起こり続けている。

こうして核融合でつくられたエネルギーは、周囲のガス粒子とぶつかってまっすぐ進むことができない。そのため、放射層を抜けるのに何万年もの時間がかかる。

その間にエネルギーが失われて可視光に変わっていく。

そして、ようやく表面に出てきた光は、500秒かけて地球に到達する。つまり、目で見られる太陽は常に8分20秒前の太陽の姿なのである。

太陽の構造

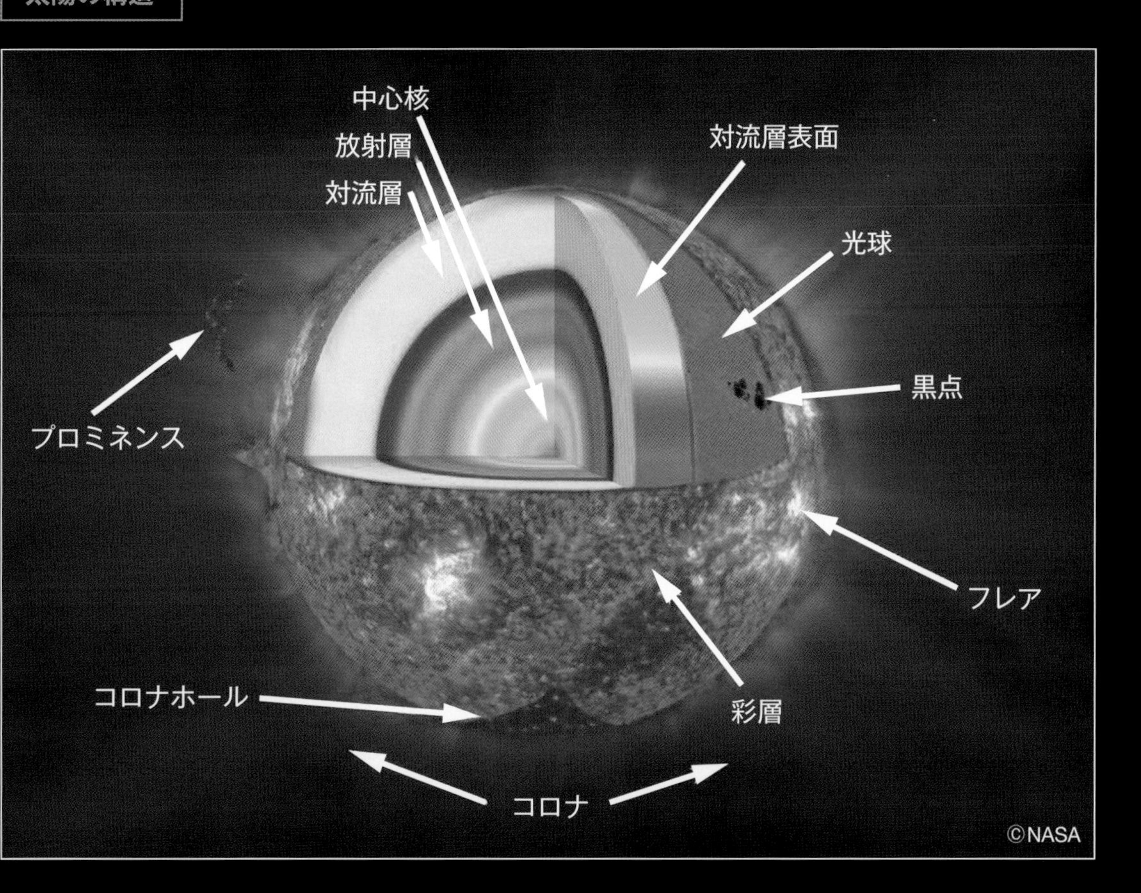

①コロナ：太陽の大気層上部。太陽表面が6000K程度であるのに対し、コロナは高度2000㎞あたりでは100万K以上と超高温で、中性のガス原子とプラズマ粒子が互いに衝突することなく絶えず移動している。

②コロナホール：コロナの温度が周囲よりも低く、密度が低い領域。高速な太陽風（秒速300㎞以上）の吹き出し口になる。

③彩層：太陽の表層部分で、光球の外側、コロナの内側に位置する薄いガスによって形成される層

④フレア：太陽における爆発現象。その規模は1万～10万㎞ほどで、水素爆弾10万～1億個に相当する。

⑤黒点：温度が約4000Kと普通の太陽表面（光球）温度（約6000K）に比べて低い領域。磁場により発生すると考えられている。

⑥プロミネンス：彩層の一部が、磁力線に沿ってコロナ中に突出したもの。

⑦光球：太陽の表層部分の薄い層。太陽の発する光はこの層で発生する。

⑧中心核：水素がヘリウムに変わる熱核融合反応を起こし、エネルギーを発生させている。温度は1500万Kに達する。

⑨放射層：太陽内部の中間の層。中心核で生産されたエネルギーは放射層に入り、電磁波の形で放射層を通過するが、高密度のため通過するのに平均17万1000年かかると考えられている。

⑩対流層：温められたプラズマが上昇し、冷えたプラズマが下降するという円対流を形成している。

⑪対流層表面：表面近くの物質が、赤道から極まで緯度方向に動いていることが観測されている。

■太陽フレアとプロミネンス

太陽の対流層の外側には光球があり、そのさらに外側には彩層がある。彩層は1万Kで、その上にはさらに高温な100万Kの「コロナ」が広がる。コロナは、太陽のいわば「大気」に相当する。

その彩層の一部がコロナの中に吹き上がる現象を「プロミネンス」といい、太陽表面で起こる爆発現象を「フレア」という。これは、大きな黒点の周りでときどき起きる現象である。フレアは周囲より高温になるので白く見える。数分間で最も明るくなり、その後はゆっくり暗くなっていく。短いものでは数分、長いものだと数時間続く。フレアからは電波やX線のほかに、電子や陽子などの電気を帯びた素粒子が放出されるが、しばしばコロナ質量放出という大量放出も発生する。

その結果は地球にも及び、電離層や地磁気を乱して、電波通信が妨害される「デリンジャー現象」や磁気嵐を引き起こすことになる。

一方、プロミネンスは、彩層からコロナの中に立ち上る炎状のガスのことで、爆発によるフレアとは違う現象である。紅炎ともいい、形や大きさはさまざまで、寿命は数分から数か月に及ぶものまである。プロミネンスの大きさは極めて巨大でその火柱が高さ80万㎞にも達するものが観測されている。

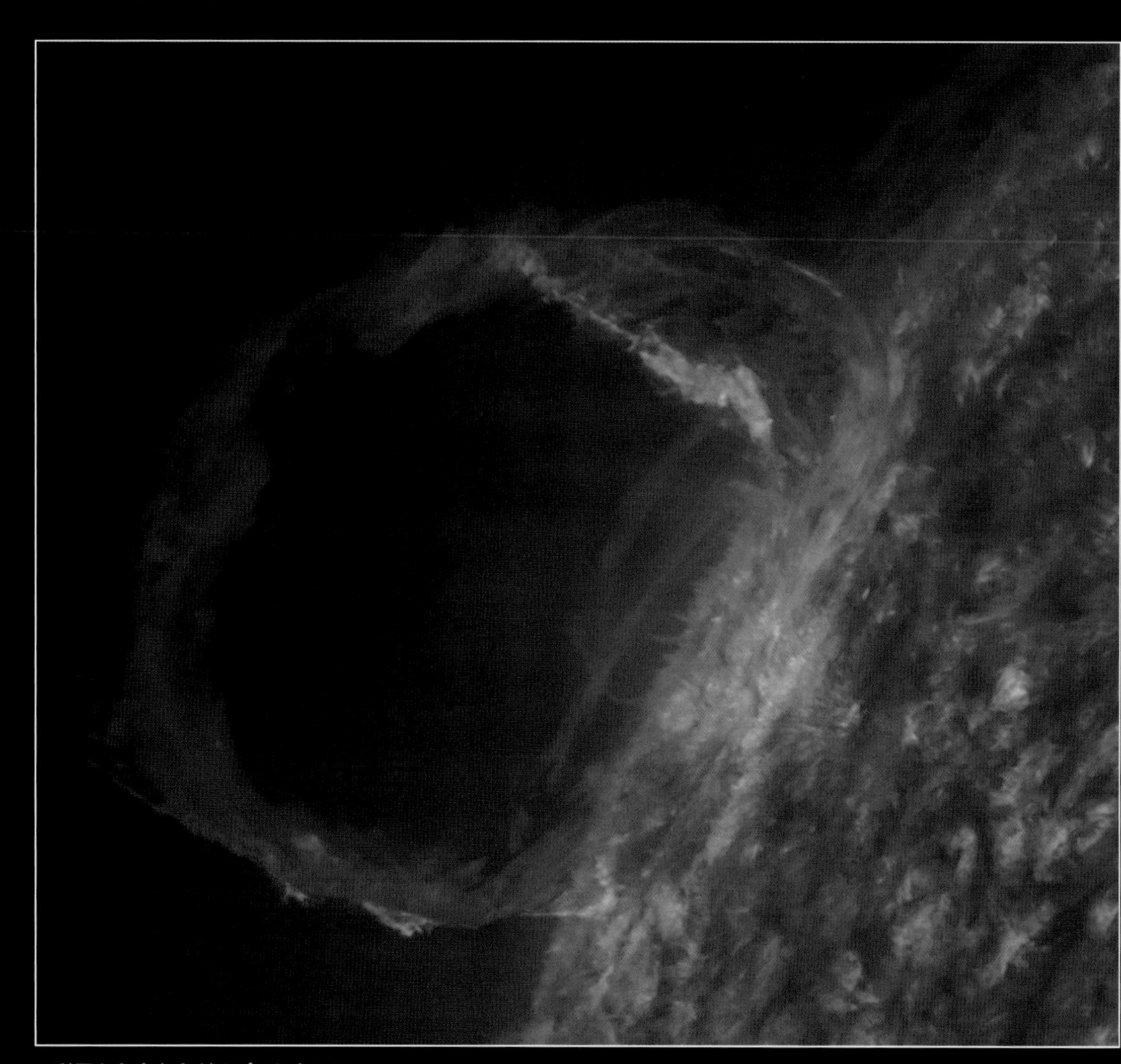

▲彩層から立ち上がるプロミネンス

©Goddard Space Flight Center Scientific Visualization Studio and the Solar Dynamics Observatory.

■24年ぶりの巨大黒点出現

国立天文台では、2014年10月下旬、太陽に巨大黒点を観測した。

同年10月16日に東から出現した黒点は、太陽の自転によって移動し、同月30日まで観測することができた。

黒点の大きさが最大になったのは26日時点のことだった。このとき、黒点は地球66個分にも相当する大きさまで成長したが、このレベルの黒点が出現するのは、1990年以来、24年ぶりのことだった。

この巨大黒点が見えている間、フレアも多数観測できた。巨大フレアと分類されるものが6個、中規模クラスも32個を数えた。

同じ黒点群でこれだけのフレアが起きたのは、観測史上、このときの太陽活動が初めてのことだった。

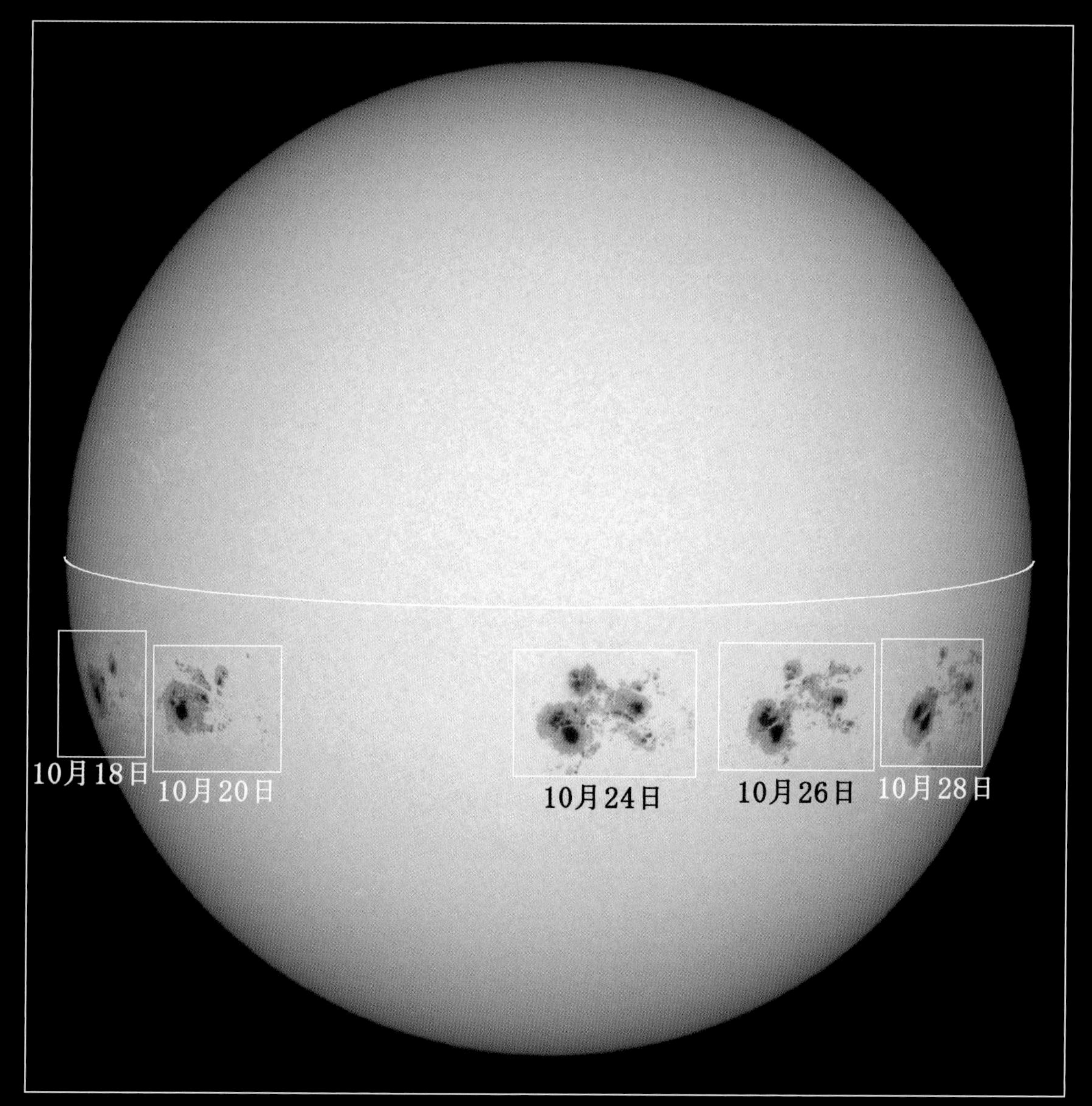

▲出現した巨大黒点　©国立天文台
太陽観測所の太陽フレア望遠鏡で観測された2014年10月18日、20日、24日、26日、28日に観測した画像を重ね合わせたもの。

COLUMN

月が太陽を覆い隠す日食のメカニズム

▲部分食、皆既食、金環食　©国立天文台

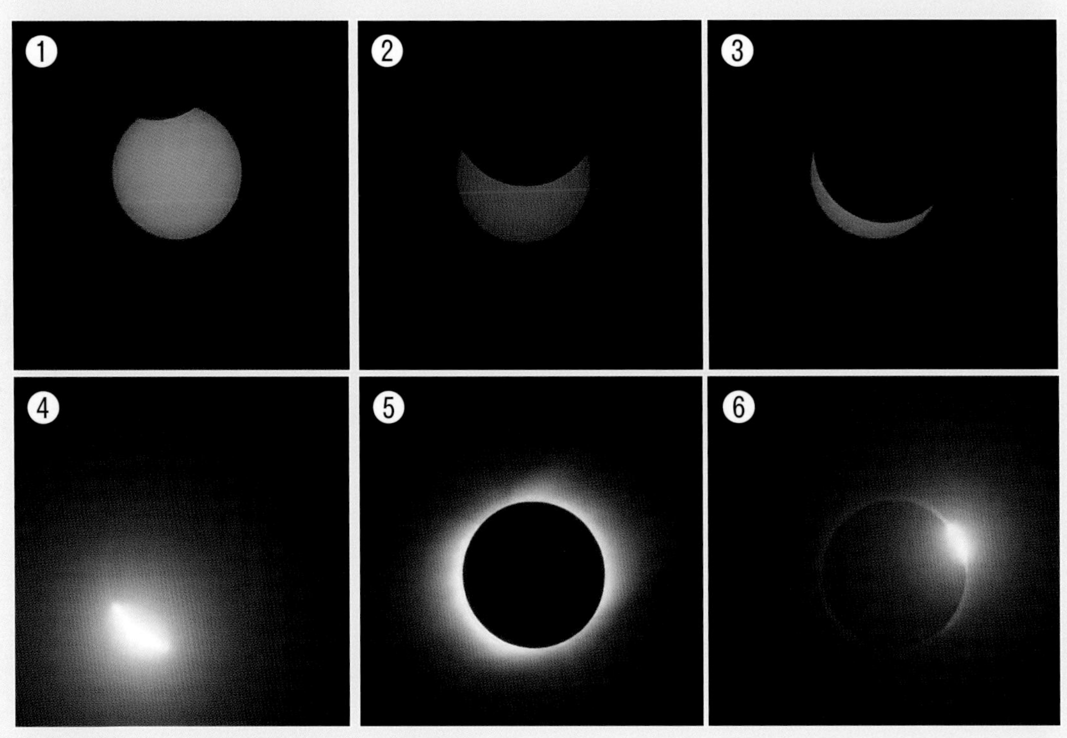

2009年7月22日の 皆既食(硫黄島近海)の連続画像　©国立天文台。
右下がダイアモンドリングだ。

日食とは、太陽の前を月が横切るときに、太陽の一部を隠す現象のことである。その日食は太陽の隠され方によって、部分食、皆既食(かいき)、金環食(きんかん)の3つに分類される。

部分食は太陽の一部が月によって隠される場合に起こるのに対して、皆既食は太陽のすべてが月によって隠されるときに起きる。

この皆既食の始まりと終わりのときに見られるのがダイアモンドリングだ。

一方、金環食は、月が完全には太陽を隠し切れず、月の周りに太陽の光が射して、まるで輪ができるように見える現象である。

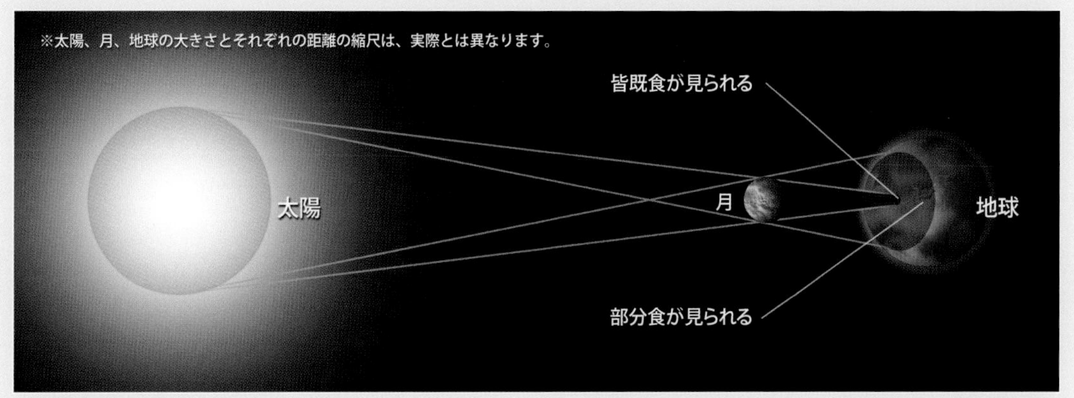

©国立天文台

日食が起きるとき、直径が太陽の400分の1しかない月が、太陽を隠すことができるのは、太陽と月それぞれへの地球からの距離が大きく違っているからである。

地球から太陽までの距離は、地球から月までの距離の400倍であり、物の見かけの大きさは距離に反比例するため、偶然にも月と太陽はほぼ同じ大きさで見えるのだ。

それに加えて、地球と月の公転軌道がそれぞれ真の円ではなく、楕円(だえん)軌道を描いているため、月の見かけの大きさは1割以上も変化する。そのため、月が地球から見て大きいときに起こる日食は「皆既」になり、逆に小さいときに起こる日食は太陽を隠し切れずに「金環」になるのである。

社会現象になった天体ショー

2012年最大の天体ショーとなったのが、5月21日の金環食である。

日本においては、九州地方南部、四国地方南部、近畿地方南部、中部地方南部、関東地方などの天気のよいところで見ることができた。

この日、テレビやインターネット上で生中継が企画されたり、学校で観測会が開かれたりするなど、さまざまなイベントが実施されたことは記憶に新しい。

ちなみに、日本で、次に皆既食が見られるのは2035年に北陸から関東にかけての地域だ。

また、金環食は2030年に北海道の一部で、2041年に中部、近畿地方の一部で見ることができる。

その日が晴れることを願っている天文ファンは多いはずだ。

▲**2012年に観測された金環食**　撮影：福島秀雄、花山秀和
プロミネンスと彩層も観測できた。

■水星 Mercury　太陽に最も近い軌道を周回する惑星

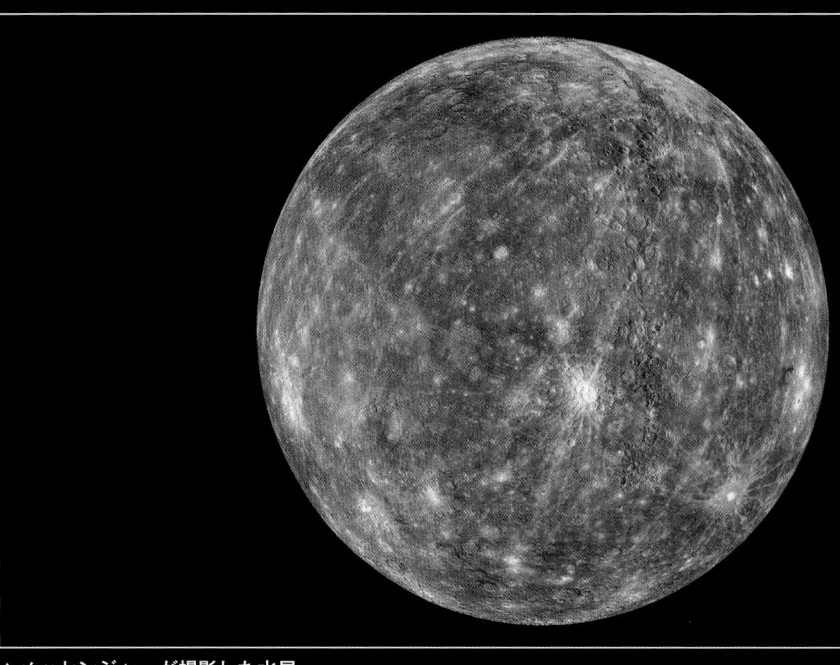

▲メッセンジャーが撮影した水星
©NASA/Johns Hopkins University Applied Physics Laboratory/Carnegie Institution of Washington

水星データ

●太陽からの平均距離:5791万km　●赤道直径:4879.4km　●赤道重力:地球の0.38倍
●体積:地球の0.05527倍　●質量:地球の0.05527倍　●密度:5.43g/㎤
●公転周期:88日　●自転周期:58.65日　●衛星数:0　●表面温度:最低90K・最高700K

水星は太陽系の一番内側を回っている惑星である。太陽系の惑星の中で、大きさ、質量ともに最小である。直径4880kmは、月より少し大きいくらいで、地球のおよそ5分の2の大きさ。重さは地球の18分の1でしかない。

水星は太陽に近すぎるため、地球からの観測が難しい。そのため、1973年に打ち上げられたマリナー10号によって水星観測は進められたが、水星の姿の45%しか確認できなかった。その後、メッセンジャーが2004年8月に打ち上げられ、2011年3月18日には水星の周回軌道に入り、以後、2015年まで観測が行われ、同年5月1日に水星表面に落下してミッションを終了した。

水星の中心部には、その直径の3分の2から4分の3を占める巨大な核があるとされている。核は鉄とニッケルの合金からなると考えられていたが観測によって水星特有の磁場が発見されており液体の核をもつ可能性もある。

▲マリーナ10号　©NASA

メッセンジャーが解き明した水星の姿

◀水星を周回する
メッセンジャーのイメージ
©NASA

水星の気圧は10^{-7} Pa(10^{-12}気圧)程度と推測され、その成分は水素、ヘリウムの主成分とし、ナトリウム、カリウム、カルシウム、酸素なども検出されている

◀メッセンジャーが撮影した
水星のカロリス盆地の写真

ロリス盆地の規模は約1525㎞。オレンジ色に見える部分はあふれ出した溶岩。盆地内のクレーターの青い部分は、低反射率の物質で、おそらくもともとの地層が表面に露出しているものと考えられている

©NASA/Johns Hopkins University Applied Physics Laboratory/Carnegie Institution of Washington

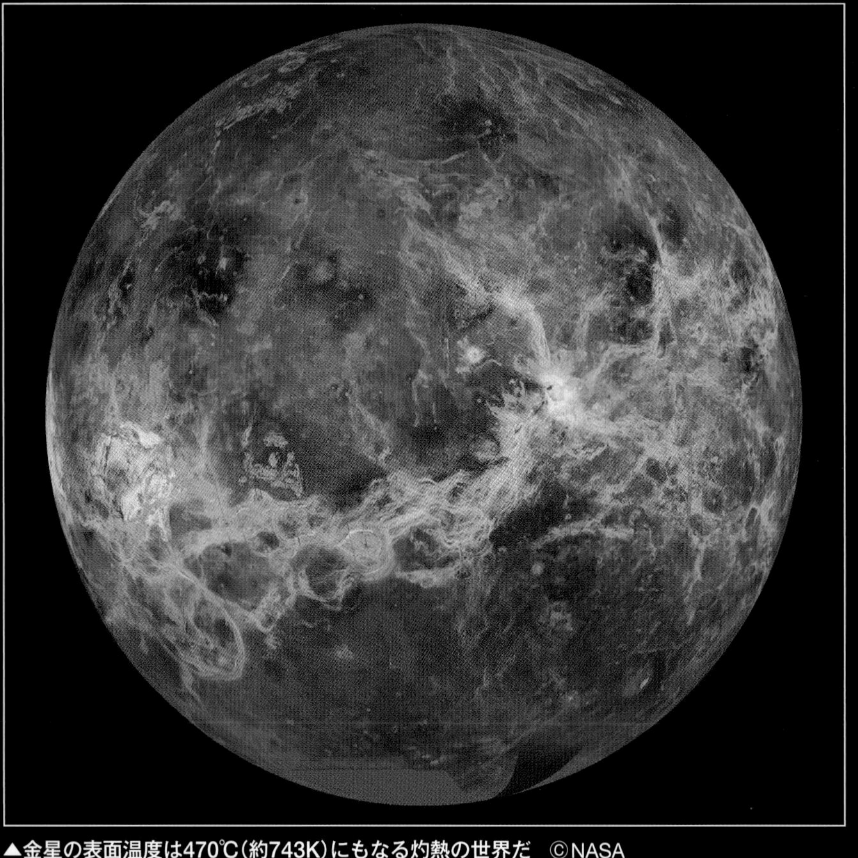

▲金星の表面温度は470℃(約743K)にもなる灼熱の世界だ　©NASA

金星データ

●太陽からの平均距離:1億820万km　●赤道直径:1万2103.6km　●赤道重力:地球の0.91倍
●体積:地球の0.857倍　●質量:地球の0.815倍　●密度:5.24g/cm³　●公転周期:224.7日
●自転周期:243.02日　●衛星数:0　●表面温度:最低228K・最高773K

地球から見て最も近い内側を回るのが金星である。太陽、月に次いで明るく見える天体だ。直径は地球の0.95倍、重さは地球の0.82倍と、大きさ・重さとも、地球とよく似ており、内部構造も地球とほぼ同じであると考えられている。自転の方向は地球や他の惑星と逆で、約225日で太陽の周りを1周する。

中心には金属の鉄・ニッケルからなる核があり、地表から深さ約30kmまでケイ酸塩からなる地殻がある。そして、その下にはケイ酸塩からなるマントルが広がっていると考えられている。

金星には大気が存在し、その主成分は二酸化炭素である。上空では、スーパーローテーションという秒速100mもの強い風が吹いている。自転周期が非常に遅いにもかかわらず、なぜこのような強風が吹いているのかは明らかになっていない。金星探査機「あかつき」では、このスーパーローテーションがなぜ吹くのかを解き明かすことが、使命の1つとなっている。濃硫酸の厚い雲に覆われおり、この雲が地上から出る赤外線を通さないため、温室効果となり、表面温度は最高700K以上にも達する。

▲「あかつき」による金星の夜面観測のイメージ　©PLANET-C Project Team　JAXA

金星は濃硫酸の雲が分厚く上空を覆っているため、地表を観測することはできないが、「あかつき」は、搭載した紫外イメージャ（Ultraviolet Imager：UVI）で雲を透かして観測できる能力をもっている。このあかつきの観測データを使って風速を求めたところ、2016年に中・下層雲領域（高度45～60㎞）の風の流れが赤道付近に軸をもつジェット状になっていたことがわかり、これを赤道ジェットと命名した。この赤道ジェットがなぜ起こっているかを解き明かすことができれば、スーパーローテーションの解明にも近づけると考えられている。

◀あかつきが撮影した金星昼面の合成擬似カラー画像
©PLANET-C Project Team　JAXA

あかつきは2010年5月21日に打ち上げられ、2010年12月7日の金星軌道投入には失敗したが、2015年12月7日に再投入に成功。現在も金星観測を続けている。

■火星 Mars　四季のある地球とよく似た惑星

▲欧州宇宙機関（ESA）の探査機ロゼッタが撮影した火星　©ESA & MPS for OSIRIS Team
極地方にはドライアイスが積もっている。

火星データ

●太陽からの平均距離：2億2794万km　●赤道直径：6794.4km　●赤道重力：地球の0.38倍
●体積：地球の0.151倍　●質量：地球の0.1074倍　●密度：3.93g/cm³　●公転周期：686.98日
●自転周期：24.6229時間　●衛星数：2　●表面温度：最低133K・最高293K

火星は地球の外側を回る惑星で、太陽系で最も地球と環境が似ている。火星の直径は地球の約半分、質量は10分の1ほどで、地球とほぼ同じ24時間37分をかけて自転しながら、およそ687日をかけて太陽を1周する。また、火星の自転軸は公転面に対して約25度傾いているため、地球と同じように四季の変化が生じる。ただし、公転期間が地球の約2倍であるため、それぞれの季節も地球の2倍の期間続くことになる。

火星が赤く見えるのは、表面が酸化鉄（赤さび）を多く含む岩石で覆われているためだ。これらの岩石とそれが風化した粒が混ざって、火星の表面のおよそ3分の2はカラカラに乾いた“半砂漠”の状態になっている。また、表面には月のようなクレーターがあるほか、高さ2万5000mのオリンポス山という巨大な火山や、全長が4000kmにも及ぶマリネリス峡谷など、非常に変化に富んだ地形が数多く確認されている。

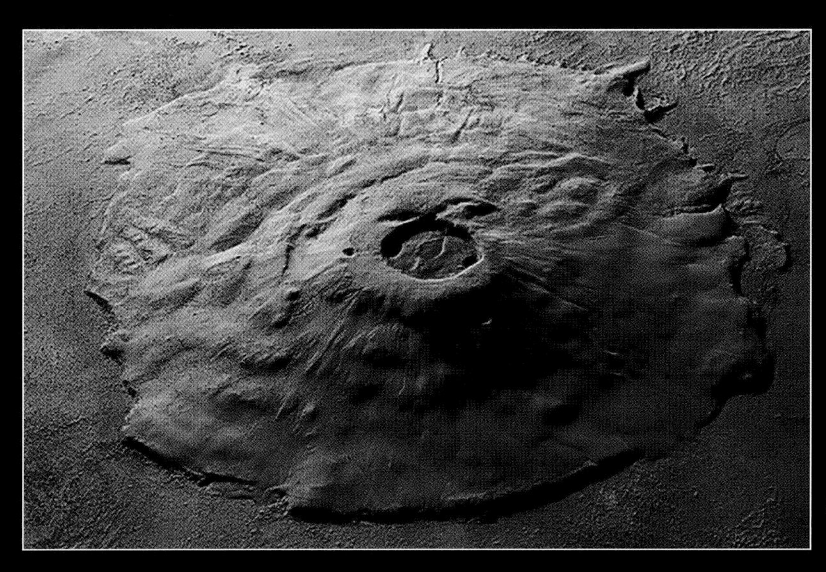

◀火星のオリンポス山
©NASA/Corbis

火星の大気は主として二酸化炭素から成っている。二酸化炭素が95%、窒素が3%、アルゴンが1.6%で、他に微量の酸素と水蒸気を含むが、その気圧はわずか0.7〜0.9 kPaにすぎず、101.325 kPaある地球の気圧と比べると極めて希薄である。だが、地球でいう北極・南極に当たる極地域には二酸化炭素が凍ったドライアイスが積もったものと考えられる白い模様が確認されており、極冠と呼ばれている。ここでは大気との間でガスの循環が起こっていると考えられており、季節によって大きさが変化する。

また、夏になると南半球で大規模な砂嵐(ダスト・ストーム)が起き、地表を覆っている砂の粒子が大気上空まで巻き上げられ、地表を覆い隠す黄雲を発生させる。この黄雲は地球からも観測できるまでに成長するが、それは水蒸気がほとんどないためだ。

砂嵐で巻き上げられた砂は、上空で太陽の熱により暖められると同時に、熱を放射することで上昇気流をより加速させ、大規模なものとしていく。そのとき、地球のように水蒸気があれば、雨となって降り注ぐことで上昇気流のエネルギーを奪い、嵐の発達も鈍化していくのだが、乾燥した火星ではいったん砂嵐が発生すると、それにストップをかけるものがないために、とめどなく大きくなって、火星の全面を覆い尽くしかねないほどまで発達してしまうのである。

火星についてはしばしば人類移住も可能だと言われるが、火星に水が存在している可能性が高まるにつれ、その期待はますます高まっている。たとえば2016年には、ロケット・宇宙船の開発・打ち上げなどの宇宙輸送を行っている民間企業SpaceX社CEOのイーロン・マスク氏が、「火星に8万人のコロニーを建造して2022年ごろから人類の移住を開始する」という構想を明らかにして話題になったこともある。果たして、それを実現する日が来るのだろうか……。

▲中央に写っているのがマリネリス峡谷　©NASA

■目覚ましい火星探査の歴史

▲**バイキング1号**　©NASA
1976年6月19日に火星軌道に入り、7月20日に着陸機を分離。火星に降り立った着陸機は、25秒後には最初の映像の送信を開始した。

これまで火星には多くの探査機が送り込まれてきた。主な探査機を挙げておこう。

1973年にはソ連がマルス3号とマルス6号を打ち上げ、火星への着陸には成功したものの、その直後に通信が途絶えて、火星上での探索は失敗に終わっていた。それに対してアメリカは1975年にバイキング1号とバイキング2号を打ち上げ、いずれも着陸機(ランダー)を火星に軟着陸させることに成功した。

▼**バイキング1号の着陸機から初めて送られてきた火星の風景**　©NASA

さらにアメリカは、1996年11月7日にはマーズ・グローバル・サーベイヤーを打ち上げ、1997年9月11日に火星軌道に乗せることに成功。1996年12月14日にはマーズ・パスファインダーを打ち上げ、1997年7月4日には火星探査車ソジャーナを火星に着陸させることに成功した。

▲**マーズ・グローバル・サーベイヤー**
©NASA/JPL-Caltech/Corby Waste

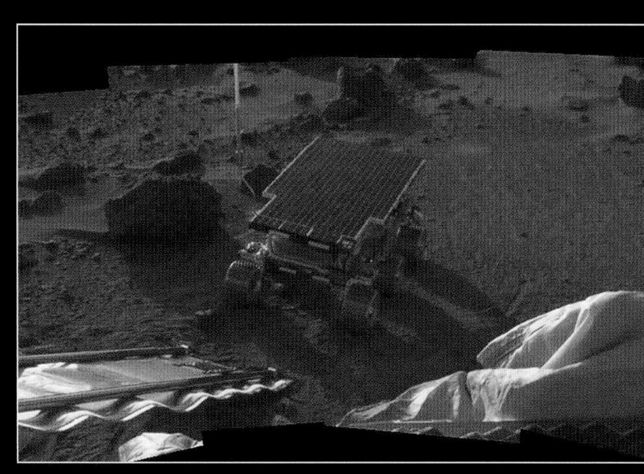

▲**マーズ・パスファインダーに搭載されていた火星初の探査車ソジャーナ**　©NASA/JPL

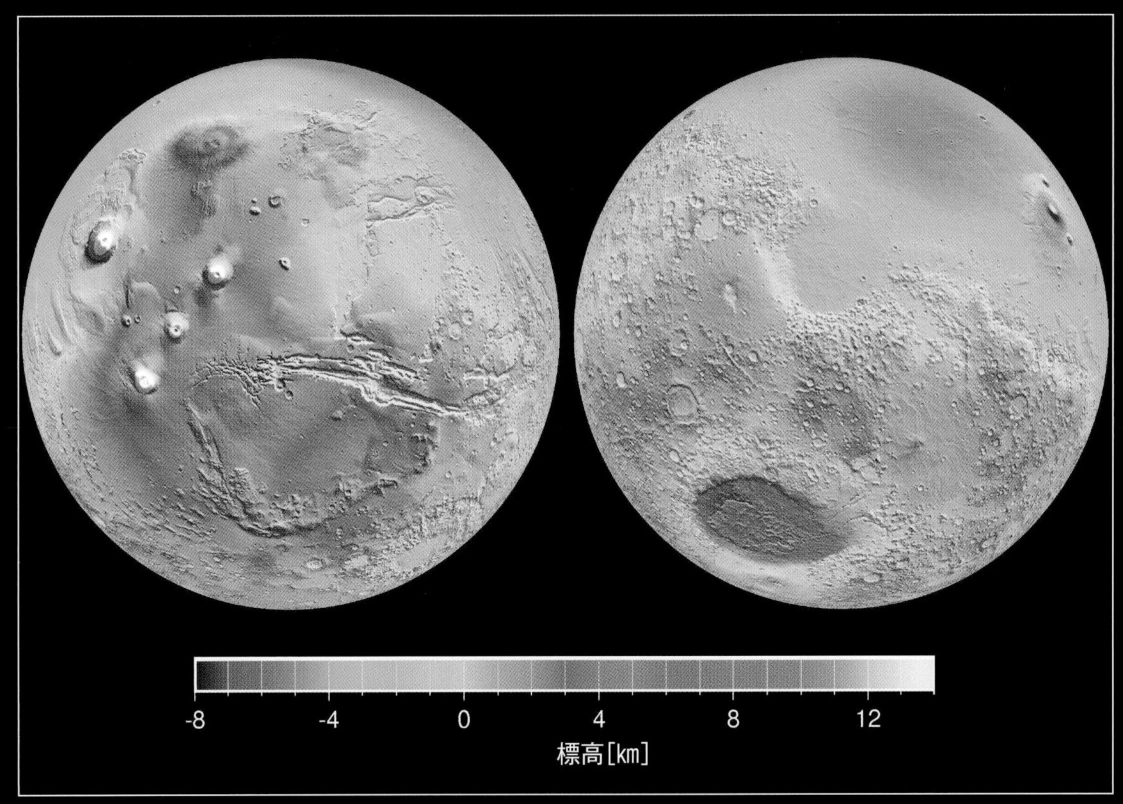

▲マーズ・グローバル・サーベイヤーの観測データをもとにつくられた火星の地表高度図　©NASA/JPL

2001年4月1日には、2001マーズ・オデッセイを打ち上げ、無事に火星へと到達させた。このミッションの目的は、火星の表層の水の痕跡の発見、地表の鉱物の分布、放射線測定などだったが、南極と北極を覆う二酸化炭素の氷の下に大量の水が存在している可能性を示すデータや、南極地域において、地下1mに大量の氷が存在する可能性を示すデータを得た。同機は基本ミッション終了後も稼動を続け、後の火星探査機マーズ・エクスプロレーション・ローバーやフェニックスの通信の中継なども行った。

▲火星を周回する2001マーズ・オデッセイのイメージ　©NASA/JPL/Corby Waste

2003年6月2日には、欧州宇宙機関(ESA)がマーズ・エクスプレスを打ち上げ、2003年12月25日には火星軌道への投入に成功。夏の火星の南極の撮影などを行ったが、それには氷床らしきものがはっきりと写されていた。ちなみに、マーズ・エクスプレスは、着陸船ビーグル2を降下させ、地表調査もする予定だったが、通信が途絶して失敗に終わった。そのビーグル2の姿は、2015年1月に、マーズ・リコネッサンス・オービターによってとらえられることとなる。

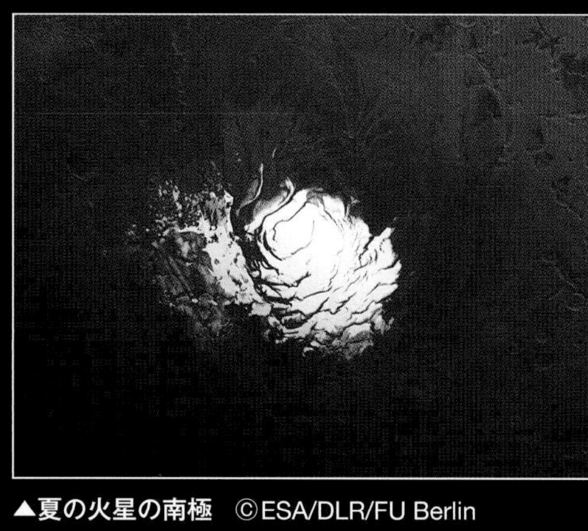

▲夏の火星の南極　©ESA/DLR/FU Berlin

◀マーズ・エクスプレスのイメージ
©NASA/JPL/Corby Waste

2003年、アメリカは「マーズ・エクスプロレーション・ローバー・ミッション」をスタートさせた。2台の火星探査車(マーズ・ローバー)で火星の表面を探査しようというのだ。そして、2003年6月10日にはスピリット(マーズ・エクスプロレーション・ローバーA)を、同年7月7日にはオポチュニティ(マーズ・エクスプロレーション・ローバーB)を打ち上げ、2004年1月3日と4日に火星に着陸させることに成功した。

▲スピリットが初めて撮影した火星の風景
©NASA/JPL/Cornell

◀火星で活動中の火星探査車スピリットのイメージ
©NASA/JPL-Solar System Visualization Tea

当初の計画では、ローバーの運用期間は3か月と短いものだった。だが、ミッションは幾度も延長された。

その結果、スピリットは2010年3月に通信が途絶するまでの6年間、オポチュニティは2018年6月に通信が途絶するまで14年以上にわたって探査を続けた。

オポチュニティは、2015年3月24日に、総走行距離42.198㎞を達成した。マラソンとほぼ同じ距離だった。その後の2018年6月1日、大規模砂嵐により太陽電池での充電ができなくなり、6月6日に低電力モードに移行。6月10日の通信を最後に応答も途絶え、2019年2月14日にはコマンド送信も打ち切られてミッションは終了した。

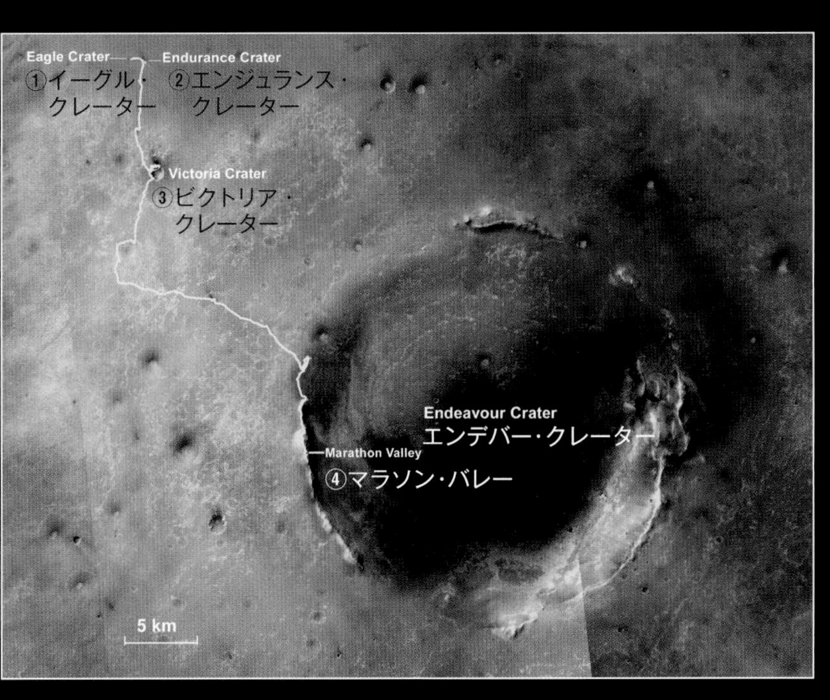

◀オポチュニティの移動経路 ©NASA/JPL-Caltech/MSSS/NMMNHS

◀火星を周回するマーズ・リコネッサンス・オービターのイメージ ©JPL/NASA

2005年8月12日、アメリカはマーズ・リコネッサンス・オービターを打ち上げ、2006年3月10日に火星の周軌道に乗せることに成功して軌道上からの観測をスタートさせると、2007年8月4日にはフェニックスを打ち上げ、2008年5月25日に火星の北極への着陸を成功させた。そのフェニックスは、ロボット・アームで北極域の地表を掘り上げることに成功するなど、大きな成果をあげた。

実は、2001マーズ・オデッセイなどによる軌道上からの観測で、火星の北極地域の地下には氷の層が広がっていると考えられていたのだが、果たして、実際にロボット・アームで地表を掘った跡を撮影した写真には氷らしき白い塊が写っていたのである。

◀火星に着陸したフェニックスのイメージ
©NASA/JPL/Corby Waste

フェニックスに続いてアメリカが打ち上げたのはマーズ・サイエンス・ラボラトリーだった2011年11月26日に打ち上げられたマーズ・サイエンス・ラボラトリーは、2012年8月6日に火星探査車キュリオシティを火星に着陸させることに成功、今も探査の旅は続いている。

その後も、2013年11月18日にはメイヴンを打ち上げ、2014年9月21日に火星の軌道に投入することに成功したのに続き2018年5月5日にはインサイトを打ち上げ、同年11月26日には火星に着陸させることに成功している。

さらにアメリカは、探査機「Mars 2020」による調査を計画しており、火星で過去に微生物が存在していた可能性を探ったり、火星の大気から酸素をつくったりする試験を行うことになっている

◀火星探査中のキュリオシティ
©NASA

▲キュリオシティが撮影した火星のアイオリス山（2015年9月）　©NASA/JPL-Caltech/MSSS

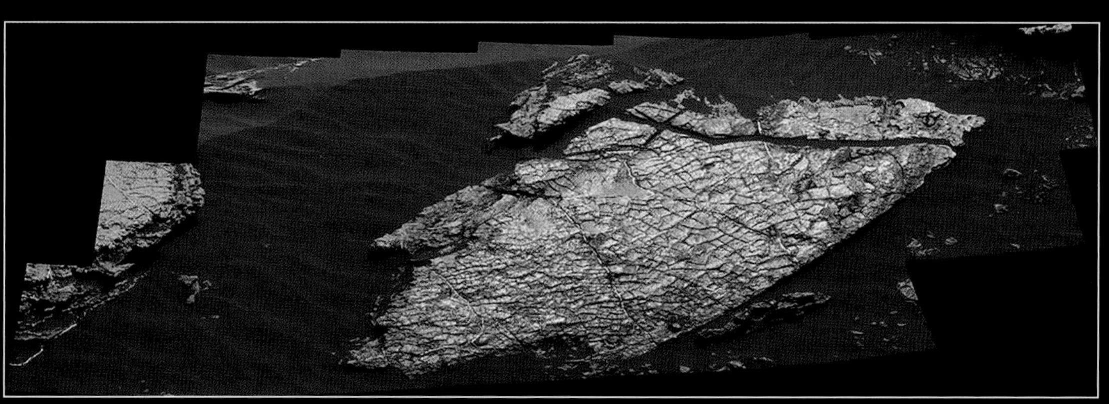

▲キュリオシティが撮影した火星の岩盤　©NASA / JPL-Caltech / MSSS
泥のひび割れは、30億年以上前に、湖が干上がったためだと考えられている。

▲メイヴンのイメージ
©NASA's Goddard Space Flight Center

▶インサイトのイメージ
©NASA

■木星 (Jupiter) 太陽系最大の大きさを誇るガスでできた惑星

◀NASAのカッシーニ宇宙船によって撮影された4枚の画像を合成した木星の映像
木星の衛星エウロパが木星に影を落としている。
©NASA/JPL/University of Arizona

木星データ

●太陽からの平均距離：7億7830万km ●赤道直径：14万2984km ●赤道重力：地球の2.37倍 ●体積：地球の1321倍 ●質量：地球の317.83倍 ●密度：1.33g/cm³ ●公転周期：11.86155年 ●自転周期：9時間55.5分 ●衛星数：79 ●表面温度：最低110K・平均152K

木星は、直径が地球の約11倍、体積が約1300倍もある太陽系最大の惑星である。ただし、重さは地球の約318倍しかなく、体積の割に軽い。

その理由は、木星が地球のように岩石でできた惑星ではないからだ。地球の10倍ほどの質量をもっている核は、岩石と氷、鉄・ニッケルなどの合金からなっているが、その外側は液体金属水素（ヘリウムを含む）層、さらにその外側は液体分子水素（気体を含む）の層、そしてそれを包む大気は、約90%が水素、残りのほとんどがヘリウムからなっている。

また、木星は自転周期が0.414日であり、約10時間で1回転する。大きさの割に非常に速く自転しているため、その遠心力で木星は赤道方向にややつぶれた形をしている。

木星を特徴づけている赤茶色や白色の縞（しま）模様は、大気中に浮かんだアンモニアや硫化アンモニウムの氷の粒でできた雲である。この雲の太陽光を反射する部分は明るく見え、反射の弱い部分が暗く見える。そのため縞状に見えるのだ。

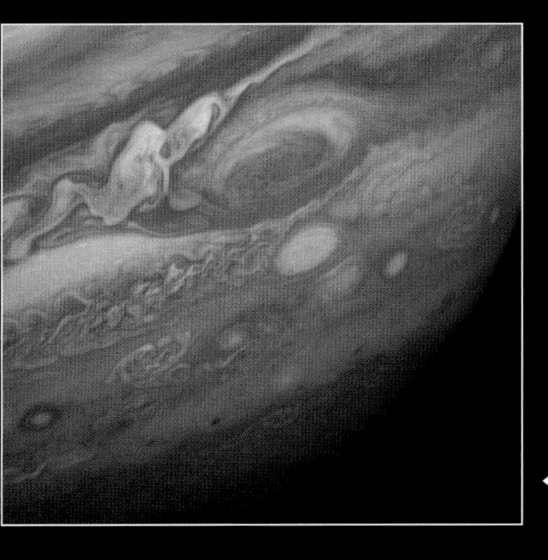

木星の縞模様の中に大きな赤い斑点を見つけることができる。これは「大赤斑」と呼ばれているが、地球2～3個分もの大きさがある。この大赤斑を形づくっている雲の高さ(雲頂高度)は周囲よりも8㎞程度高いとされ、赤道より22度ほど南に位置しており、反時計周りに約6日の周期で回転している。また、大赤斑自体も時速100㎞ほどで反時計回りに渦巻いており、地球の台風やハリケーンに似た現象だと考えられている。

◀**ボイジャー1によって撮影された木星の大赤斑**　©NASA/JPL
白く見えるのは木星の雲である。

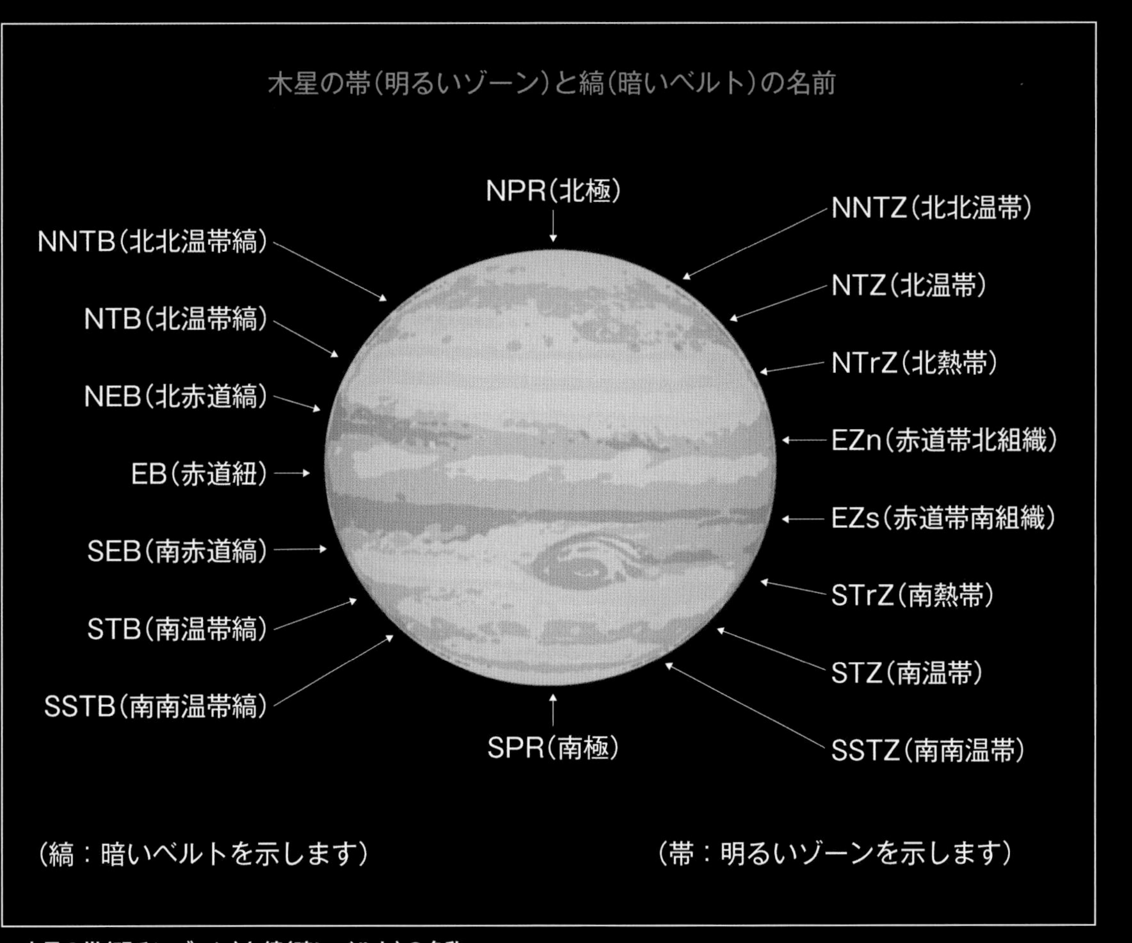

▲**木星の帯(明るいゾーン)と縞(暗いベルト)の名称**

木星の縞模様の動きは、ほぼ右方向と左方向に交互となっている。たとえば、大赤斑を含む南熱帯は右回りだが、そのすぐ上の赤道帯(北組織・南組織)は左周りである。

これは木星上空では赤道と平行に、猛烈な勢いで東風と西風が吹いているからである。そして、東風と西風の境界線では大小さまざまな渦が形づくられている。

木星にも土星と同じような環があることがわかっている。ただし、その環は非常に淡くて細いもので、地球から観測しようと思っても、木星の明るさでかき消されてしまって確認するのは非常に難しい。

ちなみに、土星の環が氷を主成分とするのに対し木星の環は大きさが数μmほどしかない岩石の粒子でできているが、そのもととなったのは、木星の衛星から放出された細かな微粒子やかけらだと考えられている。

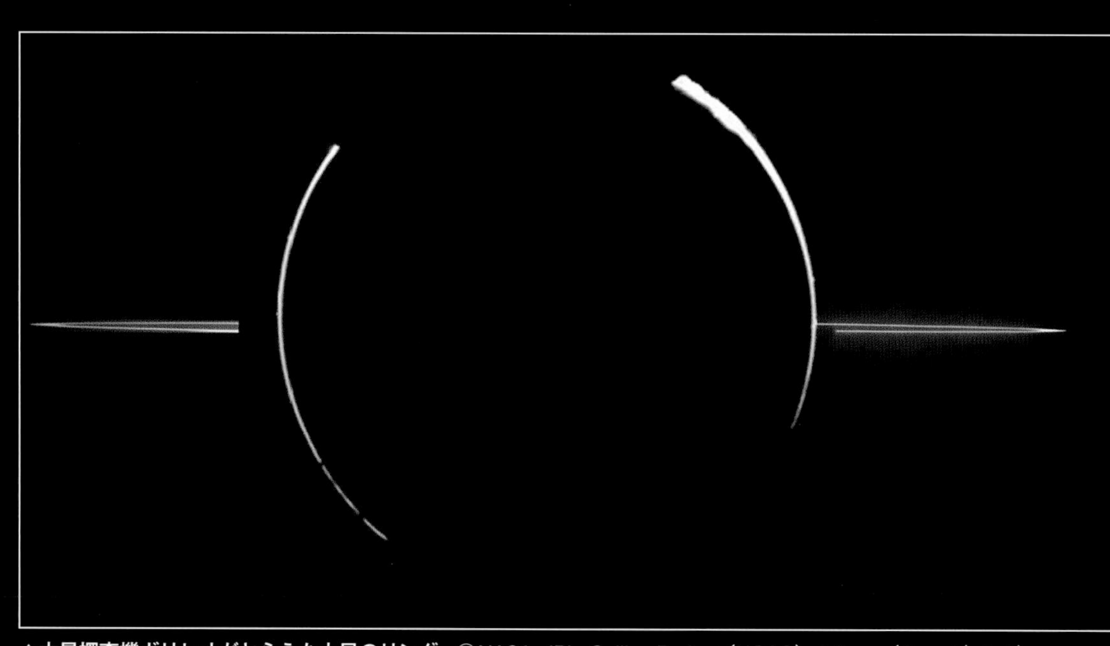

▲木星探査機ガリレオがとらえた木星のリング ©NASA, JPL, Galileo Project,(NOAO), J. Burns(Cornell)et al.)
ガリレオから見ると木星による日食が起きた状態である。木星のリングが線状に浮かび上がって見える。

木星の謎に挑む探査機

木星を最初に訪れた探査機は、1973年のアメリカのパイオニア10号で、その2か月後にはパイオニア11号が続いた。その後、1979年には、ボイジャー1号とボイジャー2号が木星に到達。1992年と2000年にはユリシーズ、2000年にはカッシーニが木星に接近して、木星の大気の詳細な写真を撮影した。さらに2007年にはニュー・ホライズンズが木星を通過しつつ詳細な観測データを送ってきた。そのうち実際に木星の軌道に入った探査機がガリレオである。ガリレオは1995年に木星に到達し、2003年に木星大気圏へ制御落下させられるまで木星とその衛星の観測を続けた。またその後、2016年にはジュノーが木星の極軌道へ投入されている。

▲木星を周回する木星探査機ガリレオのイメージ
©NASA

■木星の衛星

木星では2019年8月までに79個の衛星が確認されている。

その多くは直径10㎞にも満たない小さなもので、それ以外の主要な衛星としては、イオ、エウロパ、ガニメデ、カリストの4つが知られている。この4つの衛星は、ガリレオ・ガリレイが発見したことから「ガリレオ衛星」と呼ばれる。

イオ、エウロパ、ガニメデは木星の自転方向と同じ向きに公転しているのに対し、カリストだけは反対の逆行軌道を描いて公転している。

イオ［Io］

©NASA/JPL/University of Arizona

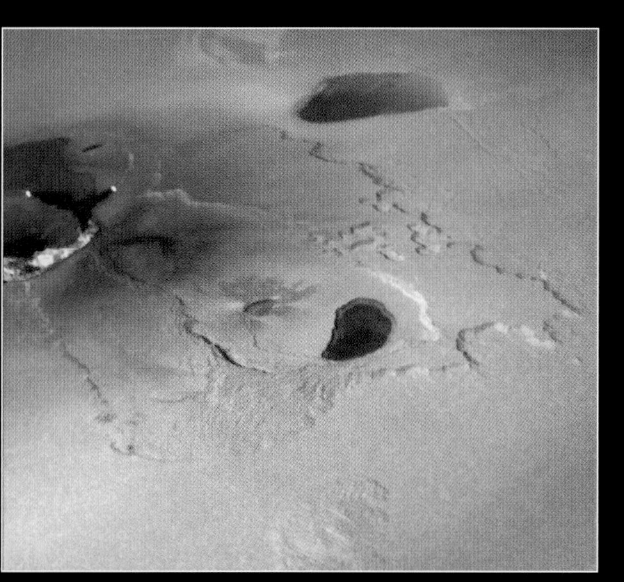

©NASA/JPL

ガリレオ衛星のうち、最も内側を回っているのがイオである。直径は3643.2㎞ほどで、木星の中心から約42万㎞の軌道を、1日18時間27.6分で公転している。また、自転周期も公転周期と同調しているため、木星に対しては常に同じ面を向けている。

イオには400個を超える火山があり、非常に活発な火山活動が起き、その表面は溶岩で埋め尽くされている。

左上の写真は2017年にNASAが公表したものだが、黒と赤の部分は、数年前のものと考えられる。

それらの火山は、ときとして硫黄と二酸化硫黄の噴煙を200㎞上空まで吹き上げている。この火山活動は、木星とエウロパ、ガニメデの2つ衛星の潮汐力（ちょうせきりょく）によって、内部の熱エネルギーが影響を受けるため、引き起こされていると考えられている。

左下の写真は、2000年に探査機ガリレオによって撮影されたイオの火山活動の様子。写真の左側にある白とオレンジの領域は、新しく噴出した溶岩を示している。その中の2つの小さな明るい点は溶岩の先端部で、溶融岩が表面に露出している。

また、大きなオレンジ色と黄色の帯は、冷却溶岩流だが、その距離は60㎞を超える規模である。

エウロパ [Europa]

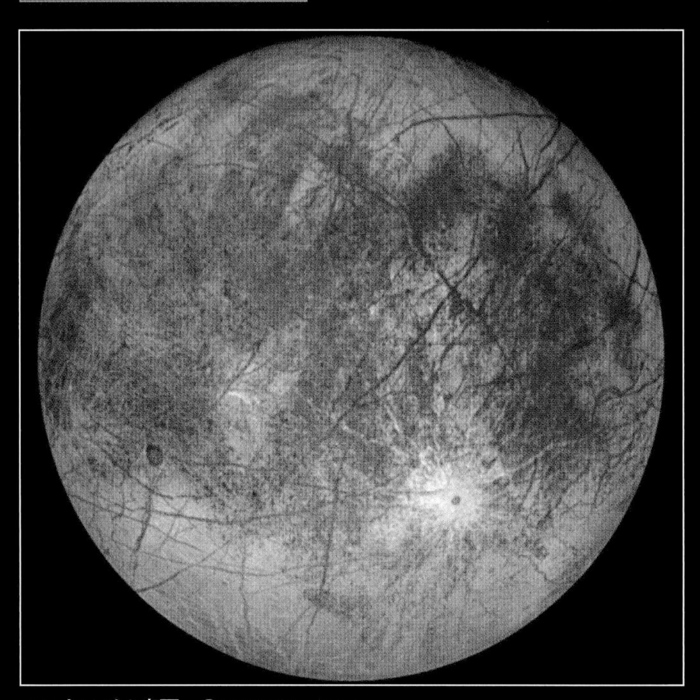

▲エウロパの表面　©NASA/JPL/DLR

▲エウロパの地下のイメージ　©NASA/JPL-Caltech

エウロパの直径は月よりもやや小さい約3202.7㎞で、木星の中心から約67万1130㎞の軌道を周期約3日13時間13.7分で公転している(イオと同様、自転周期は公転周期と同期している)。

そのエウロパの表面には厚さ3㎞にも及ぶ氷で覆われていることが、これまでの観測で確認されている。

この氷は、木星の潮汐力(ちょうせきりょく)によって生じた熱でエウロパ内部の水が表面に押し出され、143K(-130℃)の地表で凍ったもので、エウロパの表面に見られるひび割れのような地形も、地下の水やガスが噴出する過程でつくられたと考えられている。

それが、地球におけるプレートテクトニクスのような役目を果たし、エウロパの地形をつくっているのかもしれない。

またエウロパの地下には、まだまだ液体の水が存在していると見られていることや、生命を生み出すきっかけとなる地下活動がさかんに行われていることなどから、微生物レベルの地球外生命体が生存している可能性も指摘されている。

左下の図は、NASAのスタッフによるエウロパの地下のイメージだ。右上には木星が、中央上には衛星イオが描かれている。

ガニメデ [Ganymede]

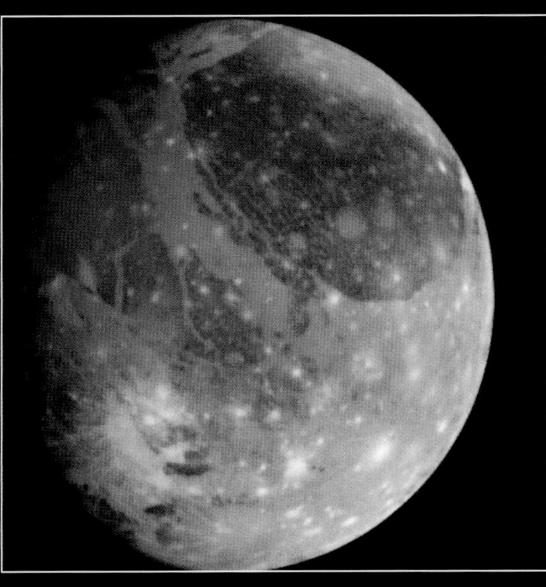

▲探査機ガリレオが撮影したガニメデ　©NASA

ガニメデの直径は5268㎞と、水星よりも8%大きいほどだが質量は水星の45%にとどまっている。木星の中心から107万400㎞ほどの軌道を7日3時間42.6分ほどで公転している(自転周期はやはり公転周期と同期している)。また、地球と同じように磁場をもっている。太陽系に存在する衛星の中で直径、質量ともに最大級だが、中心核は硫化鉄と鉄からなっており、その外側にケイ酸塩のマグマがあり、外層は分厚い氷と水で覆われていると考えられている。

また、探査機ガリレオの観測で、表層部分の氷の層と、岩石マントルの上の氷の層の間に、液体の海の層が存在している可能性が高まっている。海の深さは数百㎞にも及び、最も下にある液体の水の層は岩石マントルに隣接しており、生命誕生のきっかけとなる物質の生成と循環が起きているのではないかともいわれている。

カリスト [Callisto]

▲探査機ガリレオが撮影したカリスト
©NASA/JPL/DLR(German Aerospace Center

カリストの直径は4820.6㎞ほどで、水星の99%の大きさだが、質量は水星の3分の1ほどに過ぎない。木星から188万2700㎞の軌道を16日と16時間32.2分かけて公転しているが、カリストも公転周期と自転周期は同期している。ただし、公転の向きは、イオ、エウロパ、ガニメデと逆向きに公転している。

カリストの組成は岩石と氷がほぼ同量で、表面は氷で覆われている。そして、小さい岩石の核をもち、エウロパやガニメデ同様、地下に海をもっている可能性があると考えられている。またカリストの表面はクレーターだらけである。それはカリストが太陽系の中でも最も古い年代に誕生した天体である一方、プレートテクトニクスや火山活動などの活動が起きなかったために、クレーターがそのまま残ったからだと考えられている。ちなみに、カリストは放射線強度が低いことから、人類が将来的に木星探査を行う際の前哨(ぜんしょう)基地に適していると注目されている。

■土星 (Saturn) 美しい環をもつ巨大なガス惑星

▲カッシーニが撮影した土星 ©NASA / JPL / Space Science Institute

土星データ

●太陽からの平均距離：14億2939万km ●赤道直径：12万536km ●重力：地球の0.93倍
●体積：地球の764倍 ●質量：地球の95.16倍 ●密度：0.69g/cm³ ●公転周期：29.53216年
●自転周期：赤道面10時間13分59秒、極10時間32分45秒 ●衛星数：82
●表面温度：最低82K・平均143K

太陽系で木星に次いで2番目に大きい惑星が土星である。直径は地球の約9倍、体積は約764倍もあるのに、質量は地球の約95倍しかない。それは、土星が木星と同じガス惑星であるからだ。中心部分にある核は岩石と氷でできていて、その上に液体金属水素とヘリウムでできたマントルがあり、そのさらに上をヘリウムを含んだ液体分子水素の層が覆っている。

また、上空には木星同様、水素を主成分とする大気があり、アンモニアの氷の粒でできた雲ができている。この雲で木星と同じように表面に縞(しま)模様ができる。

その縞(しま)模様は淡く、あまり変化しないように見えるが、雲の層が木星より広がっているためであり雲の下では猛烈な嵐が吹き荒れていると考えられている。

また、土星には、木星と対照的に縞模様の中に白い斑点が見えることがある。これを「大白斑」という。木星の大赤斑が300年以上連続して確認されているのに対して、大白斑は数週間から数か月単位で消えたり現れたりするが、消失するまでに数十万㎞に達する場合がある。

▲探査機カッシーニが、最後のミッションとして、土星とその最も内側のリングの間を潜り抜けたときのイメージ
©NASA/JPL-Caltech
カッシーニはこのミッションを見事にこなし、2017年9月15日にミッションを終了して、土星に突入した。

土星の環は、土星の赤道上空6630㎞から12万700㎞の間に広がっているが、厚さはわずか20m程度、最大でも数百mに過ぎない。リングの温度は90K(-180℃)前後で、93%は氷、7%は非結晶の炭素で、塵程度の大きさのものから10m前後までの粒子で形づくられている。

この環がどのようにしてできたかはまだ明らかになっていないが、「土星の衛星や近づいて捕らえた彗星などが土星に近づき、潮汐力によって粉々になったものだ」とか、「土星を形成した星雲の余りが残っている」という説、あるいは、「土星の衛星エンケラドスが噴出した氷の一部も輪の一部を形づくっている」など諸説ある。

また環が形成された時期について、かつては土星の形成と同時期の数十億年前と考えられていたが、近年では環ができたのはわずか数億年前で、いずれは消失してしまうと考えられるようになっている。

きっかけは、探査機ボイジャー2号が1981年に撮影した、土星の環から氷の粒子が土星に向かって雨のように降り注いでいる写真だった。太陽の紫外線の影響などで氷の粒が帯電し、土星の磁場に引かれて土星に降り注いでいたのだ。

NASAが2011年に行った赤外線観測と30年以上前のボイジャーの探査データから計算したところ、土星の環は1億年ほど前に形成され、今後1億年未満で消滅してしまうことが予測されたのである。そういう意味では、壮大な土星の環を観測できる時代を生きている私たちは、実にラッキーなのかもしれない。

■土星の衛星

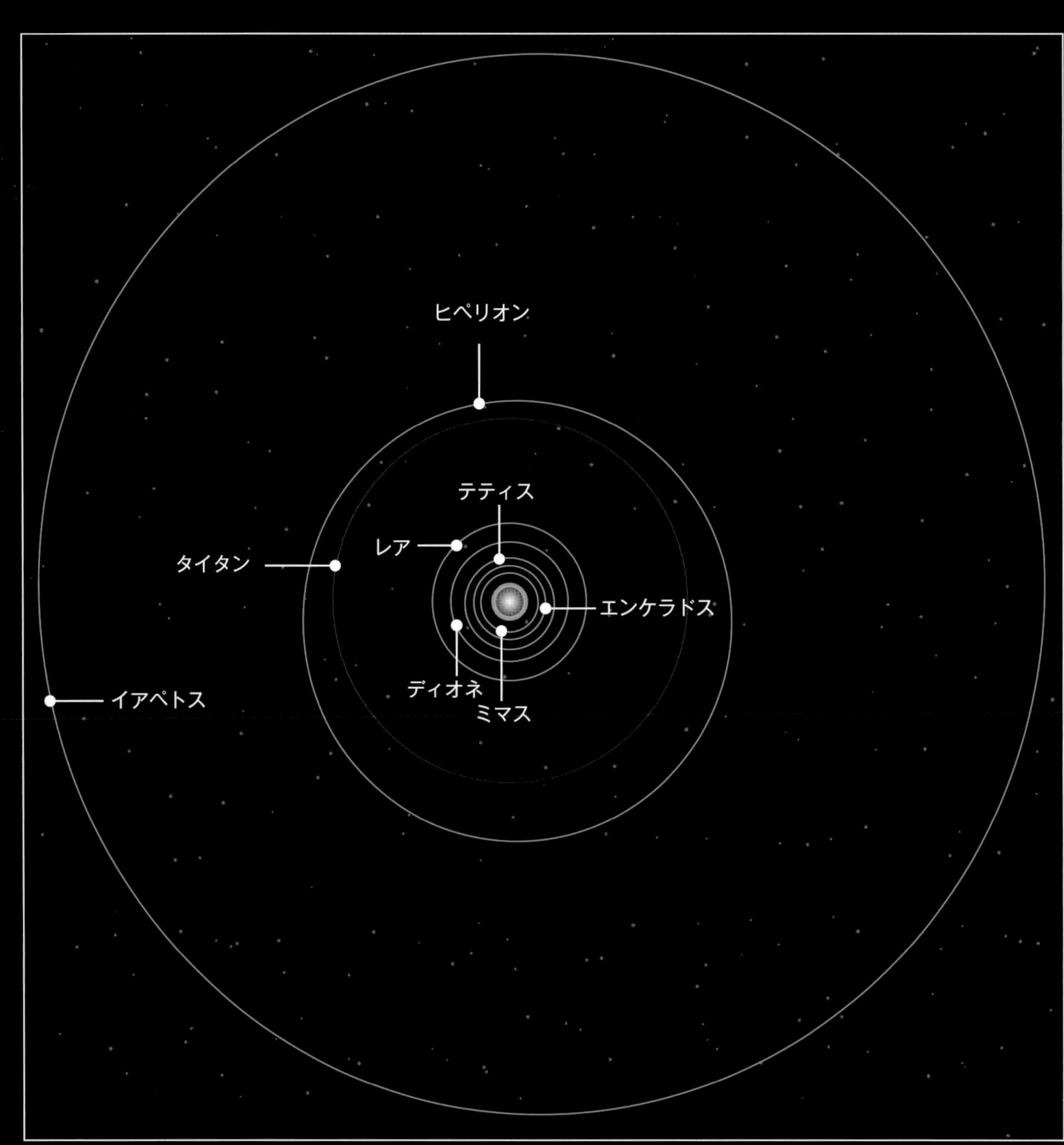

▲土星の主な衛星の軌道

2019年10月に新たに20個の衛星が発見されたことで土星の衛星は82個となり、木星の衛星の数を上回り、太陽系で最も多くの衛星をもつ惑星は土星となったことはP26で前述したが、ここでは、主な衛星として、タイタン、ディオネ、エンケラドス、テティス 、ミマス、イアペトス、ヒペリオン、レアについて解説する。

タイタン

©NASA/JPL/Space Science Institute

ディオネ

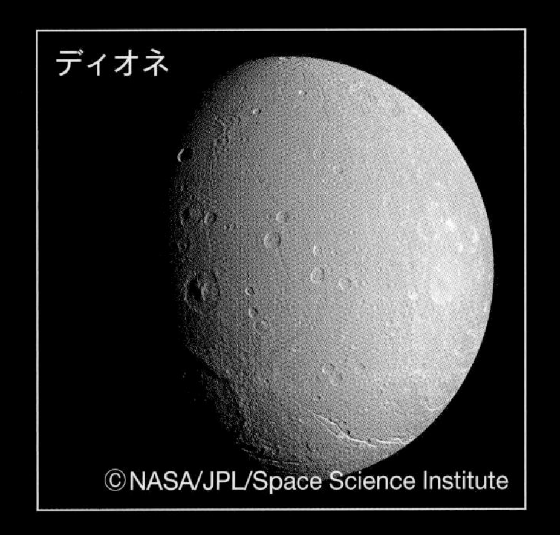

©NASA/JPL/Space Science Institute

エンケラドス

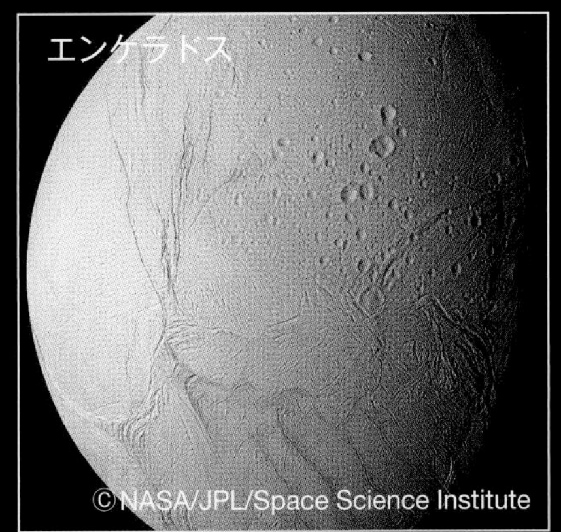

©NASA/JPL/Space Science Institute

テティス

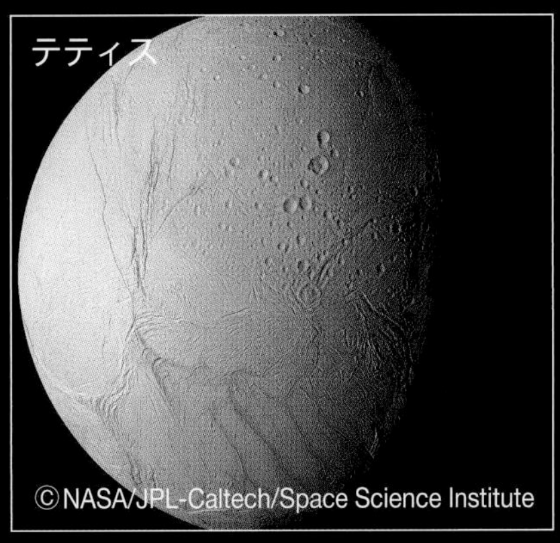

©NASA/JPL-Caltech/Space Science Institute

ミマス

©NASA/JPL-Caltech/Space Science Institute

イアペトス

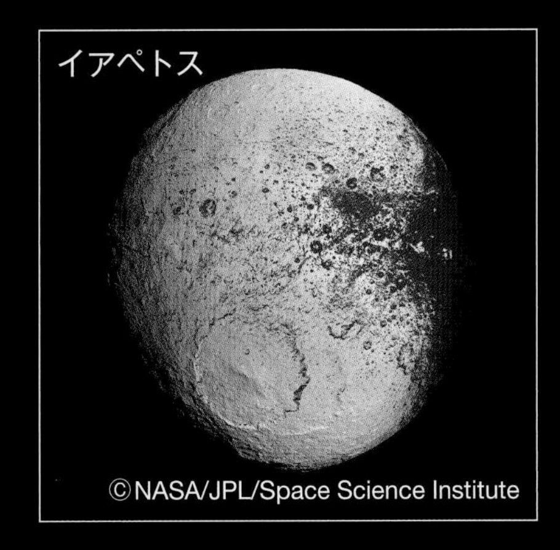

©NASA/JPL/Space Science Institute

ヒペリオン

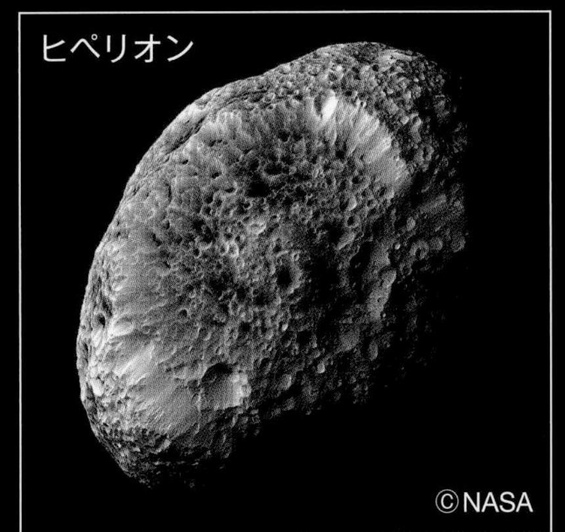

©NASA

レア

©NASA/JPL-Caltech/Space Science Institute

タイタン［Titan］

▲土星の最大の衛星タイタンのイメージ　©NASA/ESA

土星最大の衛星がタイタンである。土星の中心から約122万1630㎞のところを、周期約15.9日で公転している。土星の衛星の中では特に大きく、水星よりも大きく直径はおよそ5150㎞もある。窒素が97％、メタンが2％で構成される濃い大気（地表気圧は1.6気圧）と厚い雲に覆われ、地表温度93.7K（-179.5 ℃）という極寒の中、メタンの雨が降り続いていると考えられている。2006年には、探査機カッシーニのレーダー観測によって、湖のような地形も発見された。これらはメタンでできていると考えられており、その液体中に生命が存在する可能性も真剣に論じられている。

▲探査機カッシーニによって得られたデータをもとに再現したタイタンの炭化水素の海（リゲイア海）　©NASA/JPL-Caltech/ASI/Cornell

ディオネ［Dione］

▲ディオネに接近する探査機カッシーニのイメージ　©NASA/JPL-Caltech

ディオネは、土星の衛星の中では4番目に大きく、直径は約1123㎞である。3分の1がケイ酸塩岩の核でできており、残りは氷でできていると見られている。カッシーニの観測により、きわめて薄いものの、酸素を主体として大気も存在することがわかっている。また、地形などから、地下に海が存在する可能性が指摘されている。

エンケラドス［Enceladus］

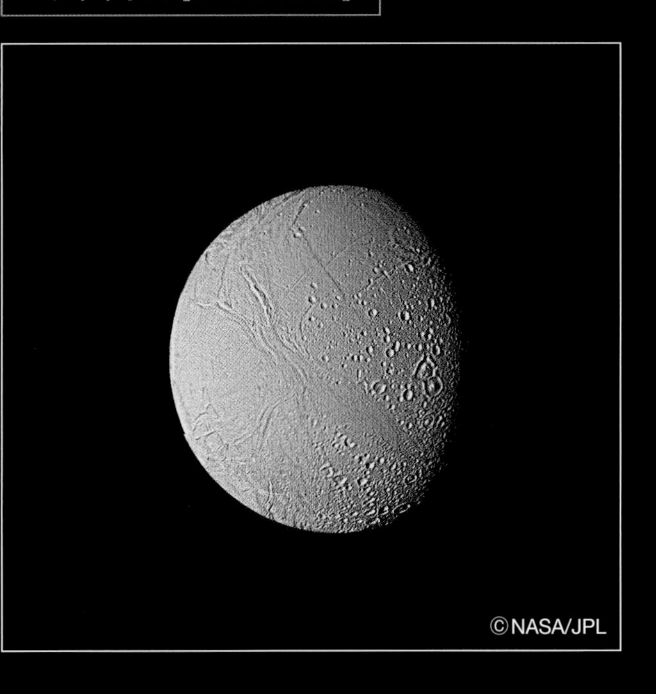
©NASA/JPL

エンケラドスは直径498㎞で、土星の中心から約24万㎞の軌道を、周期約33時間で公転している。

エンケラドスを特徴づけているのは、液体の水の存在が確認されていることだ。

探査機カッシーニがとらえた画像では、エンケラドスの南極付近で地表面の割れ目から間欠泉が噴き出していることが確認された。

さらに、その水をサンプリングした結果、生命が存在するのに必要な水、熱、有機物といった要素をもち合わせていることがわかった。

そのため、研究者たちの間では、エンケラドスに生命が存在する可能性は高いと考えられている。

◀空高く、宇宙空間に向けて噴き上げるエンケラドスの間欠泉
©NASA/JPL-Caltech/Space Science Institute
この間欠泉の地下で生命が育まれているかもしれない。

テティス [Tethys]

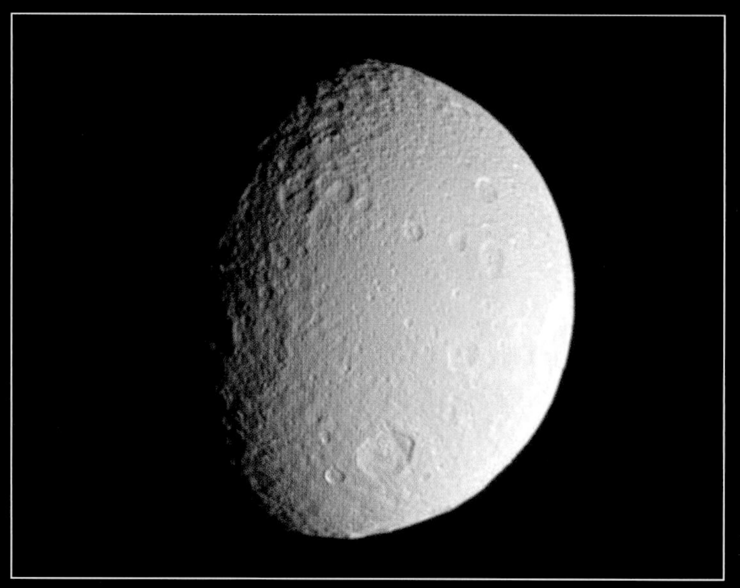

テティスは半径が533㎞で土星の衛星で5番目の大きさをもつ。ケイ石等の岩石を含む氷が主成分であると考えられているが、最近の研究で、テティスが異常に白く光の反射率が高いのは、土星の衛星エンケラドスから吹き上げられた氷がその表面に降着したせいではないかという説も出ている。

◀白く輝くテティス
©NASA/JPL/Space Science Institute

ミマス [Mimas]

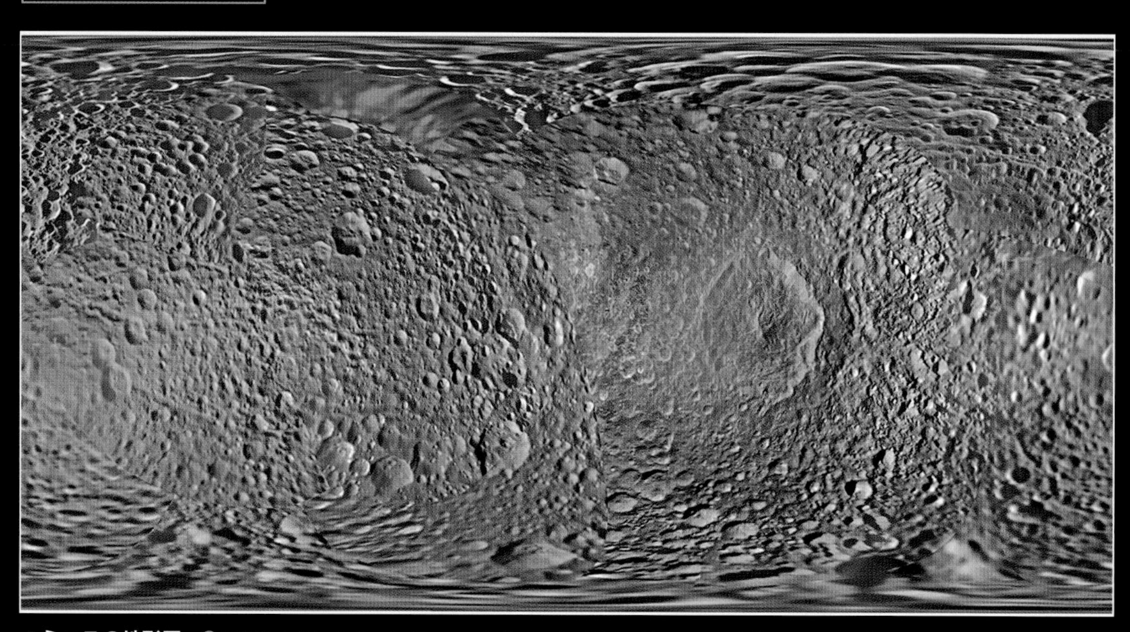

▲ミマスの地形図 ©NASA / JPL-Caltech / Space Science Institute / Lunar and Planetary Institute
右の大きなクレーターがハーシェルクレーターである。

ミマスは直径397㎞の衛星。半径18.6万㎞のほぼ円軌道を約22時間40分かけて公転する天体で、土星の主要な衛星の中では最も土星の近くにあり、土星から受ける潮汐力で、415×394×381㎞の三軸不等楕円体の歪な形をしている。ミマスの大クレーター(ハーシェルクレーター)は130㎞もの幅があり、映画『スターウォーズ』のデススターを彷彿させることで人気だ。氷および少量の岩石だけで構成される天体だが、内部に海をもっている可能性も指摘されている。

イアペトス [Iapetus]

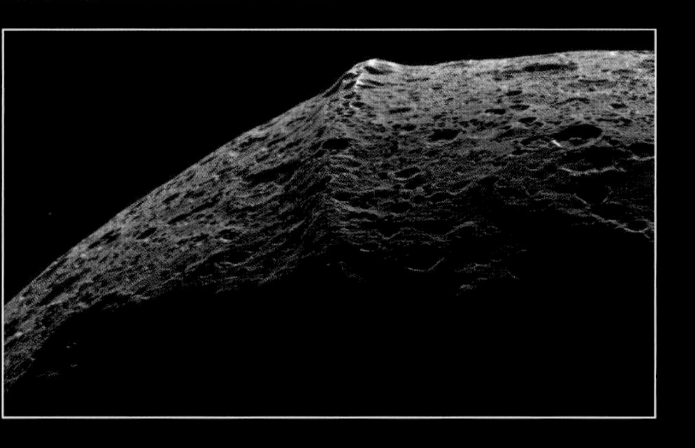

イアペトスは、直径1469㎞ほどの衛星で土星から約356万㎞離れた軌道を、周期約79日で公転する。4分の3が氷で、一部は岩石からなる。赤道には幅20㎞、長さ300㎞の巨大な尾根が連なっている。尾根の頂上は周囲の平原から20㎞以上もの高さがあり、太陽系の天体では最も高い山のひとつとされる。

©NASA

ヒペリオン [Hyperion]

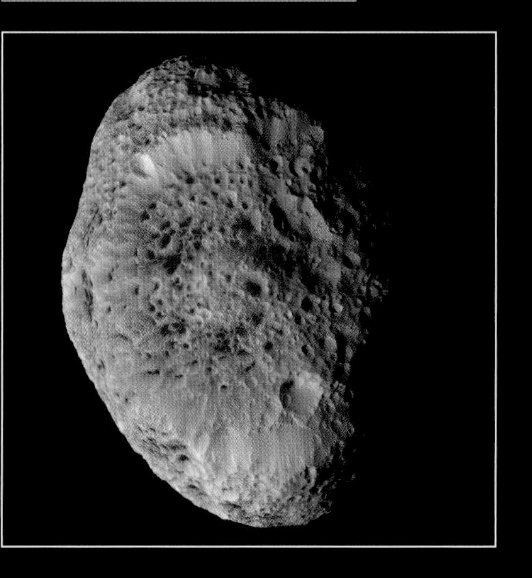

ヒペリオンは、土星の非球形の衛星の中では最大級。短軸は約200㎞、長軸は約360㎞で、不規則回転をしながら、土星から約150万㎞の軌道を21.3日の周期で公転している。衛星が大きな衝撃によって破壊された残骸だと考えられているが、その説に従うなら、ヒペリオンの元となった母天体は直径が350〜1000㎞であったと推測されている。

©NASA / JPL / SSI / Gordan Ugarkovic

レア [Rhea]

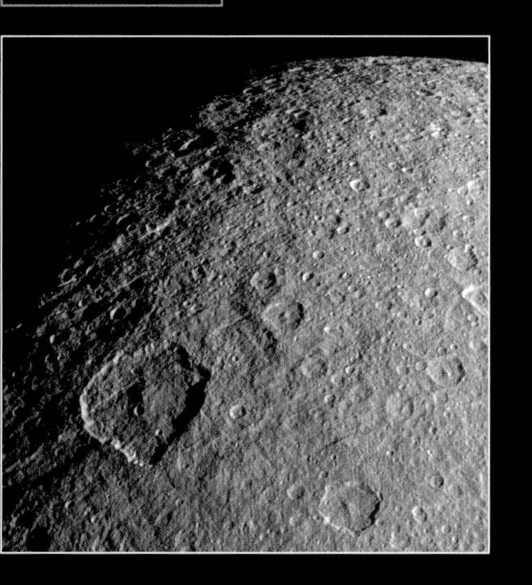

レアは直径3055㎞ほどで、土星から52万7040㎞ほどの軌道を4日12時間25分12秒かけて公転している。土星の衛星の中ではタイタンに次ぐ大きさだが、大半は氷でできており、核をなしている岩石は全体の3分1程度だ。表面はクレーターが多く、特に2つの大きな衝突盆地があることがわかっている。また、クレーターが多い明るい半球と、クレーターが少ない暗い半球ではっきり分かれる地表面の特徴をもっている。

©NASA/JPL-Caltech/Space Science Institute

■天王星 (Uranus) 横倒しに自転する惑星

◀探査機ボイジャー2号がとらえた天王星
©NASA/JPL

天王星データ

●太陽からの平均距離：28億7503万km ●赤道直径：5万1118km ●重力：地球の0.89倍
●体積：地球の63倍 ●質量：地球の14.54倍 ●密度：1.27g/cm³ ●公転周期：84.25301年
●自転周期：17時間14分 ●衛星数：27 ●表面温度：最低59K・平均68K

太陽系第7惑星である天王星は、1781年にイギリスの天文学者ハーシェルによって発見された、木星、土星に次ぐ大きな惑星である。英語名Uranusはギリシア神話における天の神ウーラノスを語源とする。そのために日本語でも「天の王の星」となった。

天王星の最大の特徴は、公転軸に対して自転軸が98度も傾いていることだ。コマが回るように回るのではなく、横に転がるようにして太陽の周りを回っているのである。

なぜこのような自転になっているのかについては、天王星ができた当初、別の大きな天体が衝突したからではないかと考えられているが、確固たる証拠はなく、真相は不明のままである。

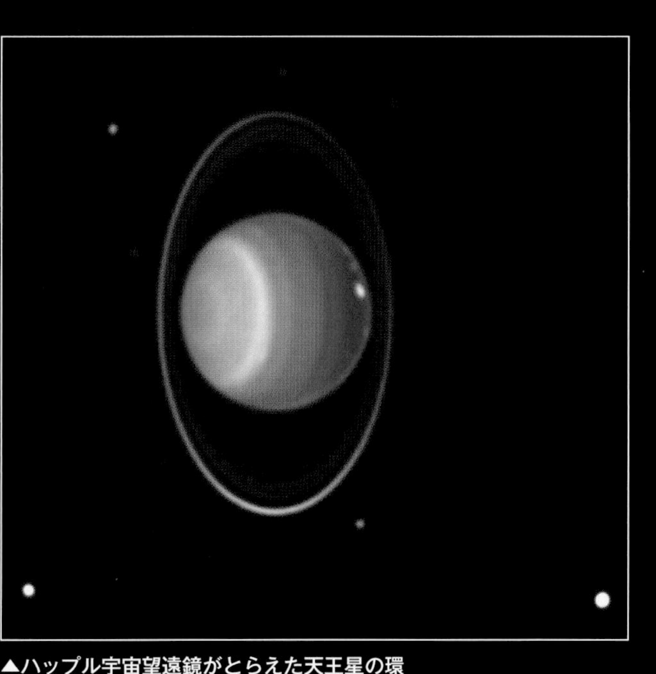

▲ハッブル宇宙望遠鏡がとらえた天王星の環
©Erich Karkoschka（University of Arizona）and NASA/ESA

天王星は、主として、ガスと氷から形づくられている。中心には岩石や氷、鉄とニッケルなどの合金でできた核があると考えられており、最も外側には木星・土星と同様に水素を主成分とするガスの層（水素が約83%、ヘリウムが15%、メタンが2%）がある。ガスはヘリウムとメタンも含んでおり、メタンが赤い光を吸収するので青い光が残って天王星も青く見える。

一方、内部は重い元素を多く含んでおり、岩石と氷からなる核のほか、水やメタン、アンモニアが含まれる氷からなるマントルで構成されていると考えられている。ほとんどが水素とヘリウムでできている木星や土星とは対照的である。

その天王星には13本の環（わ）が確認されているが、そのどれもが幅が十数kmと細く、非常に暗いため、かつては普通の望遠鏡で直接観測することは困難だった。1986年になってようやくボイジャー2号が天王星に接近して直接観測することができた。現在では、地上の望遠鏡や宇宙望遠鏡などの進化によって、天王星の環を撮影することができるようになっている。

◀ボイジャー2号がとらえた天王星の環
©NASA/JPL

天王星の衛星

■海王星 Neptune 太陽系の最も外側を回っている惑星

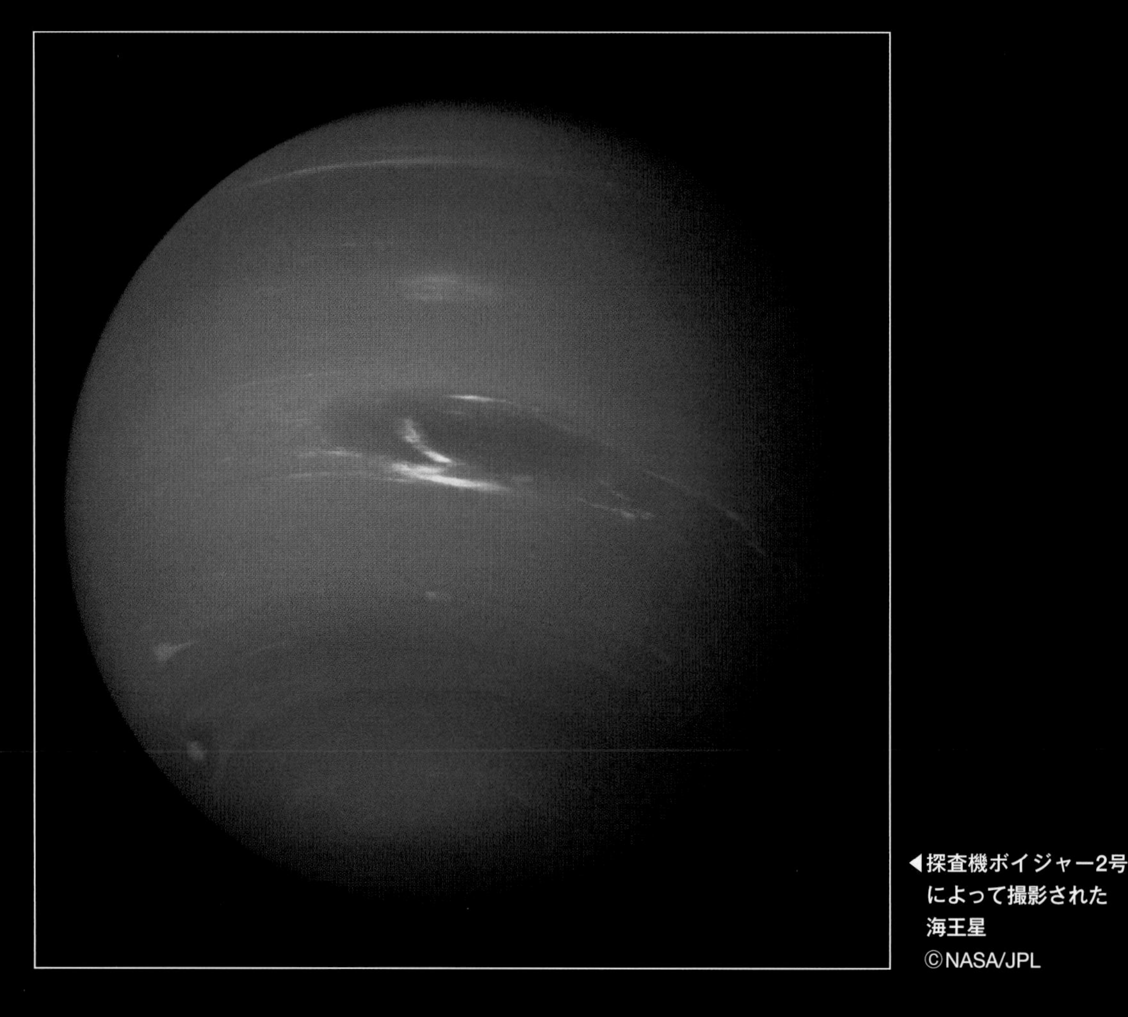

◀探査機ボイジャー2号によって撮影された海王星 ©NASA/JPL

海王星データ

●太陽からの平均距離：45億445万km ●赤道直径：4万9528km ●重力：地球の1.11倍 ●体積：地球の58倍 ●質量：地球の17.15倍 ●密度：1.64g/cm³ ●公転周期：164.79年 ●自転周期：16時間6分36秒 ●衛星数：14 ●表面温度：46.6K

太陽系第8惑星の海王星は、冥王星が太陽系惑星から外されたため、最も太陽から離れた位置を公転する惑星となった。直径は地球の約4倍で、天王星とほぼ同じ大きさだが、質量は天王星よりも少し大きい。

太陽から約45億kmも離れており、表面温度が46.6K(-220℃)という極寒の星である。岩石や氷、鉄とニッケルなどの合金でできた核をもち、その外側を水やメタン、アンモニアなどの氷でできたマントル層が覆い、さらに外側には水素を主成分とするガスの層があって激しい大気活動が起きていると考えられている。

天王星と同じく大気中に存在するメタンが赤色光を吸収するため、青く輝いて見える。ただし、最大光度は7.8と暗く、太陽系で唯一、地球から肉眼では見ることができない惑星である。

そもそも天王星が発見されて以降、天王星の軌道に乱れがあることから、海王星の存在は予想されていた。

そうした軌道の乱れが生じるには、別の惑星の存在がなければ説明がつかないからだ。

そして1846年に、ドイツの天文学者ヨハン・ゴットフリート・ガレによって、ほぼ予想通りの位置に発見された。

海王星の南半球には、木星の大赤斑に似た黒い色の渦「大暗斑」がある。これは1989年にボイジャー2号によって確認された。大暗斑の周りには、白い雲のようなものが見られるが、これはメタンが凍ったものだと考えられている。しかし、大暗斑は、1994年のハッブル宇宙望遠鏡による観測では消滅していることが確認されている。

また、海王星にも環（わ）があることが、ボイジャー2号によって発見されている。環は4つあり、どれも極めて細いものである。

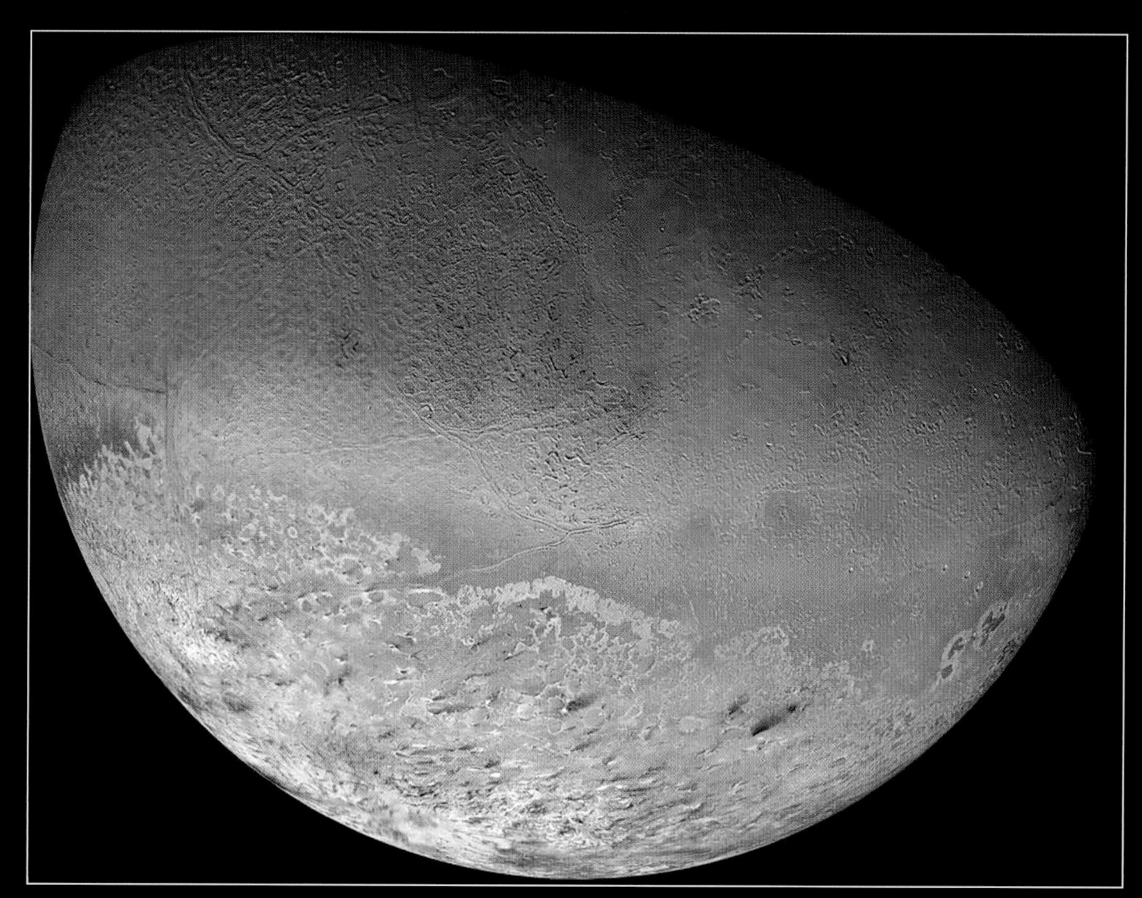

▲ボイジャー2によって1989年に撮影されたトリトン　©NASA/JPL/USGS

海王星の衛星

海王星には14個の衛星がある。

最大の衛星トリトンは桁外（けたはず）れに大きく、それ以外の衛星は直径500㎞にも満たない。

トリトンは、直径は2706㎞、海王星からの距離は約35万㎞で、希薄ながら大気も存在することが確認されている。メタンの氷によってピンク色に見えるのが特徴である。

このメタンが吹き出す火山活動があると考えられており、惑星表面にある黒い筋状の模様は、火山活動の痕跡（こんせき）だという説がある。

■太陽系を巡る５つの準惑星

かつての太陽系第9惑星だった冥王星は、2006年に惑星の座から外された。1992年以降、冥王星と同じような天体が似たような場所に次々と発見されるようになり、その数は1000個を超えるようになったことや、2003年に冥王星より大きな直径を持つ天体エリスが発見されていることなどから、2006年に行われた国際的な学会において、惑星の定義が刷新されたためだ。

惑星の定義は、①太陽の周囲を公転している、②十分大きい（重い）ために、自分の重力でほぼ球形をしている、③自分の軌道から他の天体を掃き出すことができなかった（つまり、自分の軌道上に他の天体も存在している）、というものだったが、冥王星は③の条件を満たしていないとされた。

現在、準惑星に分類されている天体は冥王星、セレス、エリス、マケマケ、ハウメアの5つである。

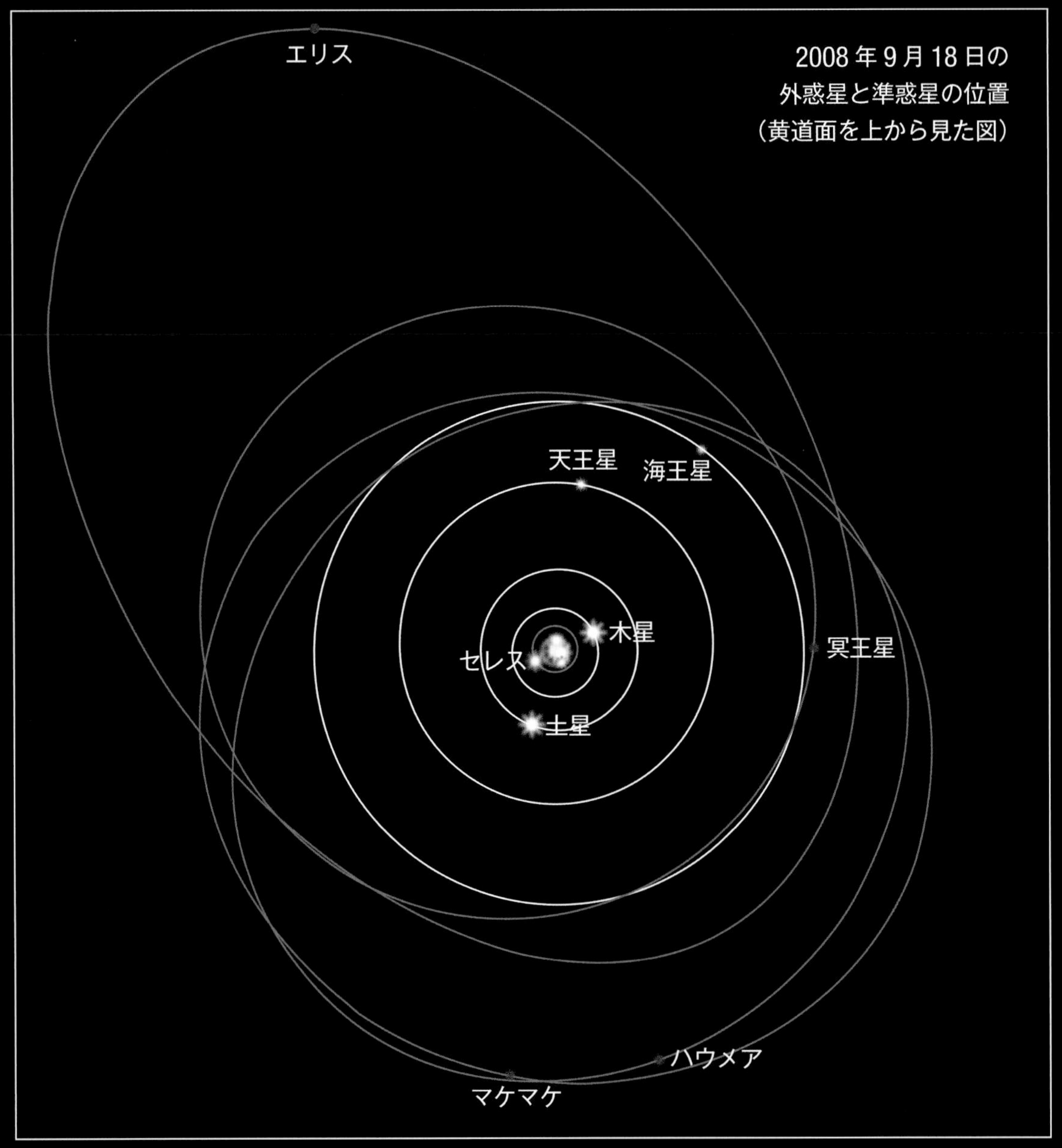

©国立天文台

冥王星 [Pluto]

▲惑星から準惑星になった冥王星
©NASA/Johns Hopkins University Applied Physics Laboratory/Southwest Research Institute

冥王星は、1930年、アメリカの天文学者クライド・トンボーによって9番目の惑星として発見された。

当初は、冥王星の大きさは地球程度と考えられていたため、惑星と位置づけられていた。だが、その後の観測技術の発達によって冥王星が月よりも小さい天体であることが判明し、準惑星に分類されることとなった。

冥王星は半径1188㎞と月の3分の2の大きさしかなく、太陽からの距離は約59億㎞もある。公転周期は247.796年だが、その軌道は極端な楕円(だえん)を描いている。岩石の核をもち、その周りを厚い水の氷が取り巻いており、表層はメタン、窒素、アンモニア、一酸化炭素などが固形になって降り積もっていると考えられている。また、窒素を主成分とする大気はとても薄く、大気圧は地球の10万分の1しかない。また、自転周期は6.39日で、カロンという衛星を伴っている。

エリス [Eris]

エリスは、冥王星型天体の1つに数えられる準惑星である。直径は冥王星よりも少しだけ大きい2400km程度で、質量も冥王星より30%程度大きいと考えらえている。

黄道面からかなり傾いた楕円(だえん)軌道を公転しており、太陽からの距離は最も近づいたときで57億1356万km、最も遠ざかったときで145億8328万kmと大きな差がある。太陽の周りを公転するのに550年かかる。衛星として、直径100kmほどのディスノミアを伴っている。

◀エリスと衛星ディスノミア（エリスの左の赤い点）の画像 ©NASA,ESA

セレス [Ceres]

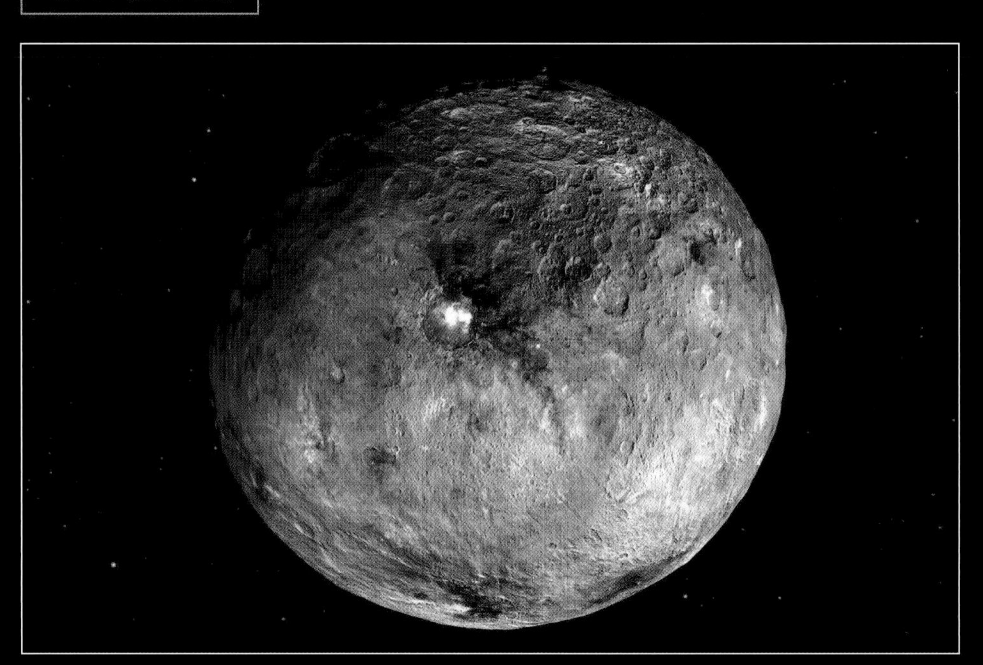

▲セレスは唯一、海王星の内側にある準惑星だ ©ASA/JPL-CalTech/UCLA/MPS/DLR/IDA

準惑星セレスは、火星と木星の間の小惑星帯（メインベルト）に位置する準惑星である。海王星の軌道より内側にある唯一の準惑星だ。1801年の発見当初は、惑星と見なされていたが、その他に多くの同じような軌道をもつ天体が発見されるようになり、1850年代には小惑星に分類。その後2006年の準惑星の創設によってセレスは準惑星に再分類された。直径は952kmで、これは月の4分の1の大きさに相当する。太陽から4億1379kmの位置を公転している。

マケマケ [Makemake]

▲マケマケの名はイースター島の創造神マケマケにちなんで命名された
©NASA Visualization Technology

マケマケと次に紹介するハウメアは、2008年に新しく準惑星に分類された。それまでは2006年の国際天文学連合総会で準惑星というカテゴリーが創設されたときに決められたセレス、冥王星、エリスしかなかった。

しかし、その後、観測が進んで、ほぼ球形であることが確かめられたマケマケ、ハウメアが準惑星に分類されることとなったのだ。

マケマケは、直径は1500㎞ほどで楕円軌道を公転しており、太陽からの距離は最も近づくときで約57億㎞、最も遠ざかるときで約79億㎞となっている。

ハウメア [Haumea]

▲アーモンド形の平べったい形状をしたハウメア
©NASA Visualization Technology Applications and Development（VTAD）

ハウメアは、マケマケに続いて5個目の準惑星として認められた。スペインのホセ・ルイス・オルティスらのグループが2003年に行った観測を2005年に再分析して発見した。その形状はアーモンド形の楕円体で、2000㎞×1500㎞×1000㎞ほどだ。

このような形となった理由は、自転周期が3.9154時間と極めて短いために遠心力でゆがめられた結果であるという説がある。太陽からの距離は最も近づくときで約52億㎞、最も遠ざかるときで約77億㎞、公転周期は282.29 年で、ヒイアカとナマカという2つの衛星を伴っている。

■小惑星─惑星になれなかった小さな星たち

▲太陽系には無数の小惑星がある　©国立天文台

小惑星は、主に火星と木星の間の軌道を公転する天体で、惑星になりきれなかったものたちをいう。

この火星と木星の間の小惑星が多く存在する空間が「小惑星帯(メインベルト)」である。小惑星帯に存在する小惑星の数は、軌道のわかっているものだけで54万個(2019年10月現在)を超えており、今も次々に新しく発見されている。

これまでに見つかった小惑星の中でも特に大きな小惑星としては、パラス、ジュノー、ベスタなどが挙げられる。日本の小惑星探査機1はやぶさが向かった小惑星イトカワも、はやぶさ2が向かったリュウグウも小さいながら、れっきとした小惑星の1つである。

小惑星の中には、衛星をもつものも多数確認されている。木星へ向かう途中の木星探査機ガリレオによって小惑星イダに衛星が発見され、ダクテイルと名づけられたし、小惑星シルヴィアにもロムルスとレムスという2つの衛星が見つかっている

▲ハッブル宇宙望遠鏡が撮影したパラス[Pallas]
©Hubble Space Telescope/STScI
三軸径582×556×500㎞、軌道長半径2.772天文単位、
公転周期4.62年、自転周期7.8132時間

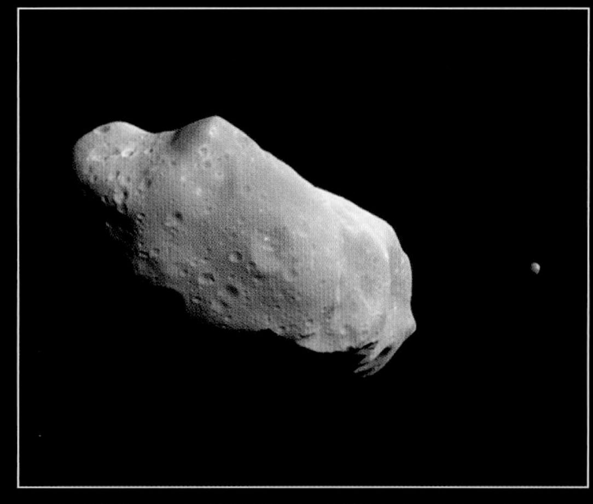

▲探査機ガリレオが撮影したイダ[Ida]。右に小さく写っているのが衛星ダクテイル[Dactyl]
©NASA/JPL
三軸径59.8×25.4×18.6㎞、三軸径59.8×25.4×18.6㎞、
公転周期4.84年、自転周4.634時間

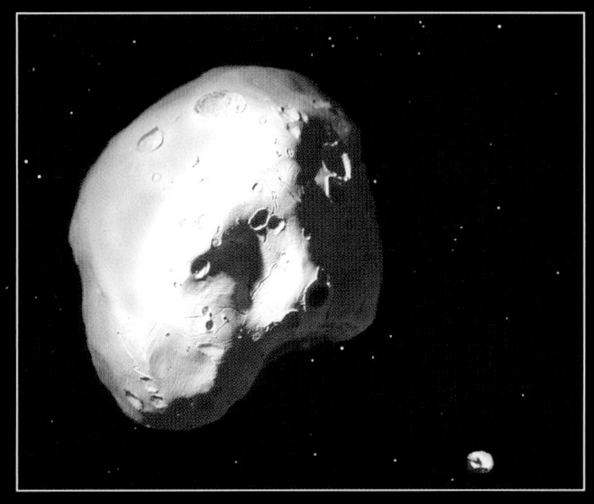

▲ジュノー[Juno]のイメージ
©David A. Aguilar, Harvard-Smithsonian Center for Astrophysics
直径233.92㎞、軌道長半径2.670単位、公転周期4.36年、
自転周期7.210時間

▲シルヴィア[Sylvia]のイメージ
©ESO
三軸径384×264×232㎞、軌道長半径3.486天文単位、
公転周期6.51年、自転周期5.184時間

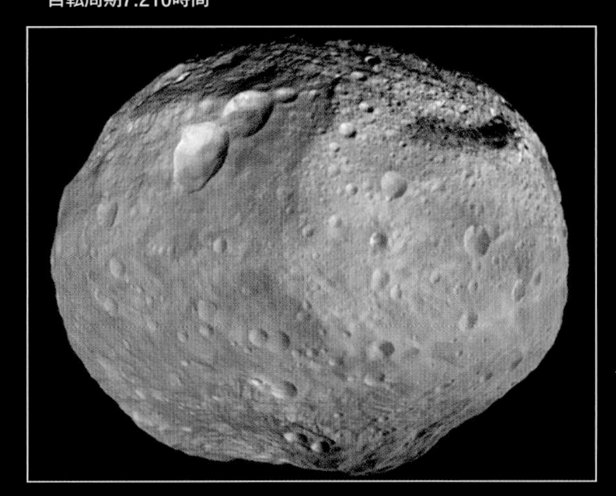

◀探査機ドーンが撮影したベスタ[Vesta]
©NASA/JPL-Caltech/UCLA/MPS/DLR/IDA
直径468.3～530㎞、軌道長半径2.362天文単位、
公転周期3.63年、自転周期5.342時間

■海王星軌道の外側に位置する太陽系外縁天体

太陽系の外、つまり海王星より外側にある天体を「太陽系外縁天体」という。前述した冥王星、セレス、エリス、マケマケ、ハウメの5つの準惑星のうち、セレス以外は、太陽系外縁天体だ。

こうした太陽系外縁天体が認識されるきっかけは、1950年ごろ、アイルランドの天文学者ケネス・エッジワースとアメリカの天文学者ジェラルド・カイパーが、冥王星の軌道よりもさらに外側に、氷でできた小さな天体がたくさん公転している可能性を指摘したことだった。

太陽系外縁にあるこのような天体の集まりを彼らの名前を冠して「エッジワース・カイパーベルト」、そこにある天体を「エッジワース・カイパーベルト天体」と呼ぶことになったが、1992年には、実際にエッジワース・カイパーベルトで直径が120kmほどの天体が発見され、アルビオンと名づけられた。アルビオンは、44.222天文単位の軌道半径をもち、294.08年で公転していたが、その後も、同じような天体が次々に発見され、その数は2500個を超えるほどになった。

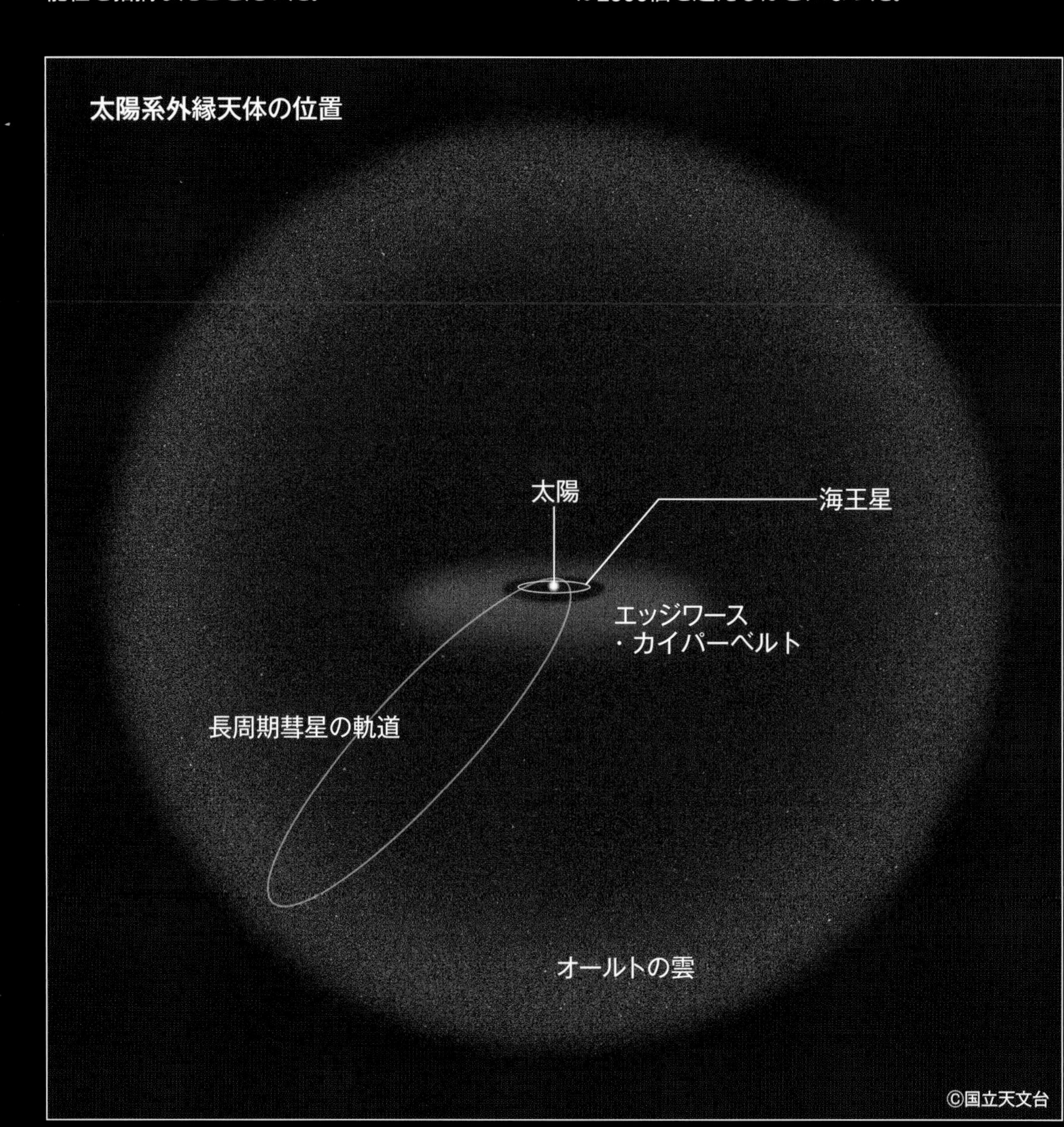

こうしてエッジワース・カイパーベルトの中に多くの天体が発見されるようになったことで、冥王星は特別な惑星ではなく、太陽系外縁に数ある天体の1つであるとされ、準惑星に位置付けられたことは前述したが、それと同時に、エッジワース・カイパーベルト天体も「海王星以遠天体」と呼ばれるようになり、日本ではそれらを「太陽系外縁天体」と呼ぶことになった。

たとえば、2001年に発見されたイクシオンの直径は822㎞ほどで、軌道長半径39.578天文単位、公転周期は248.99年だ。また、2004年に発見されたオルクスは、直径874～1020㎞（820～900㎞ともされる）で、軌道長半径は、39.173天文単位、公転周期245.18年、自転周期は13.18841時間ほどと見られ、衛星ヴァンスを伴っていることもわかっている。

こうした太陽系外縁天体は惑星になりきれなかった星屑（ほしくず）たちだ。エッジワース・カイパーベルトの領域は、約30～50天文単位の範囲だと考えられている。50天文単位より遠いところでは太陽系外縁天体はあまり見つかっていない。太陽系の惑星形成のモデルによれば、太陽から遠いところほど、惑星へと成長するための素材が少なくなり、大きな天体になれないからだと考えられている。

公転周期４万年の太陽系外縁天体

2018年10月、国際天文学連合の小惑星センターは、太陽系外縁部に、太陽の周りを1回公転するのに4万年かかる氷の天体惑星が発見されたと発表した。実はこの天体は、2015年10月にすばる望遠鏡が撮影した写真に写っており、「2015 TG387」（コブリン）と名づけられていたが、分析の結果、直径は約290㎞で、太陽に最も近づいたときには65天文単位、最も遠ざかったときには2300天文単位の軌道を回っていることが判明したのだ。

その軌道は太陽から冥王星までの2倍にも及び、彗星（すいせい）を除き、既知の太陽系の天体としては、太陽から最も遠い軌道を回っていることになる。

研究者の中には、この天体がこうした極端な軌道を描いているのは、地球よりはるかに大きな、海王星サイズの未知の第9惑星が存在しているからだ、と考えている者もいる。

下図の青い矢印が指しているのが、2015年10月3日にすばる望遠鏡により撮影された「2015 TG387」の写真。3時間ごとに撮った写真を分析したところ、移動していたため、太陽系外縁天体であることが確認された。

▲コブリン［Goblin］　©Dave Tholen,Chad Trujillo,Scott sheppard

■彗星─天空に降り注ぐ箒星

彗星（すいせい）は、太陽系に存在する小天体のことで、岩石、塵（ちり）、ガスからできており、中心部にある核は「汚れた雪だるま」と呼ばれている。

長い尾を引くものというイメージが強いが、必ずしもそうとは限らない。彗星は塵粒子と氷からなり、太陽に接近したときだけ「コマ」と呼ばれる大気層を形成する。このコマの物質が流失したものが「尾」の正体である。

尾が伸びた様子が、箒（ほうき）に似ていることから日本では箒星の名がある。彗星の軌道として確認されているものの半数は、楕円（だえん）軌道や放物線軌道を描く。この尾は太陽とほぼ反対方向に伸びる。尾には青白い「イオンの尾」と黄色みを帯びた「塵の尾」の2種類がある。

ところで、彗星も太陽系外縁からやってくるので、太陽系外縁天体といっていいだろう。太陽系外縁に存在する小惑星と彗星の違いは、コマや尾の有無といった形態による区別しかなく、厳密な区分があるわけではない。彗星は太陽に近づくと温められガスを出す。これが尾になるわけだが、太陽から離れると、ガスの放出が止まって、見た目は小惑星とまったく変わらなくなってしまう。

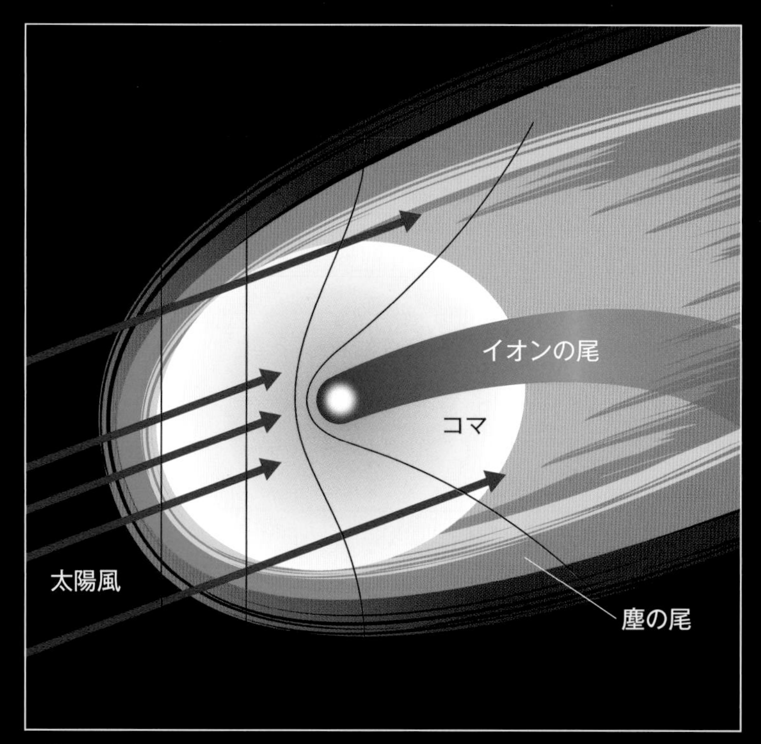

▲彗星の構造
太陽風を受けて太陽と反対側に尾が伸びる

▲ヘール・ポップ彗星　©国立天文台
1997年に地球に接近、肉眼で18か月間も観測された。核は50kmにも及び、20世紀最大の明るさで輝いた彗星と語り継がれている。

■恒星間天体─太陽系の重力にとらわれない小天体

恒星間天体とは、恒星などの天体に重力的に束縛されていない、恒星や亜恒星天体以外の天体のことをいう。こうした天体が存在することは、2017年に発見されたオウムアムアによって立証された。また、2年後の2019年には2番目の恒星間天体としてボリソフ彗星が発見された。

2017年10月19日、パンスターズ(4台の望遠鏡で継続的に全天を観測し、移動天体や突発天体を検出する計画)の望遠鏡によって見かけの等級が20の暗い天体が発見された。

オウムアムアと名づけられたその天体は、見た目が葉巻のような形をしていると推測され、彗星でも小惑星でもないため、地球外生命体による宇宙船である可能性を指摘する研究者もいた。彗星のような軌道を描いているにもかかわらず、彗星のような尾がない。また一定の速度で移動しているのではなく、加速していたからだ。

しかし、その後の観測により、オウムアムアは明確な双曲線軌道に乗っており、太陽からの脱出速度よりも速いこと、つまり太陽の公転軌道にないことが示され、太陽系に重力的に束縛されていない可能性のある恒星間天体であることが判明した。

▲オウムアムア[Oumuamua]のイメージ
©ESO/M. Kornmesser

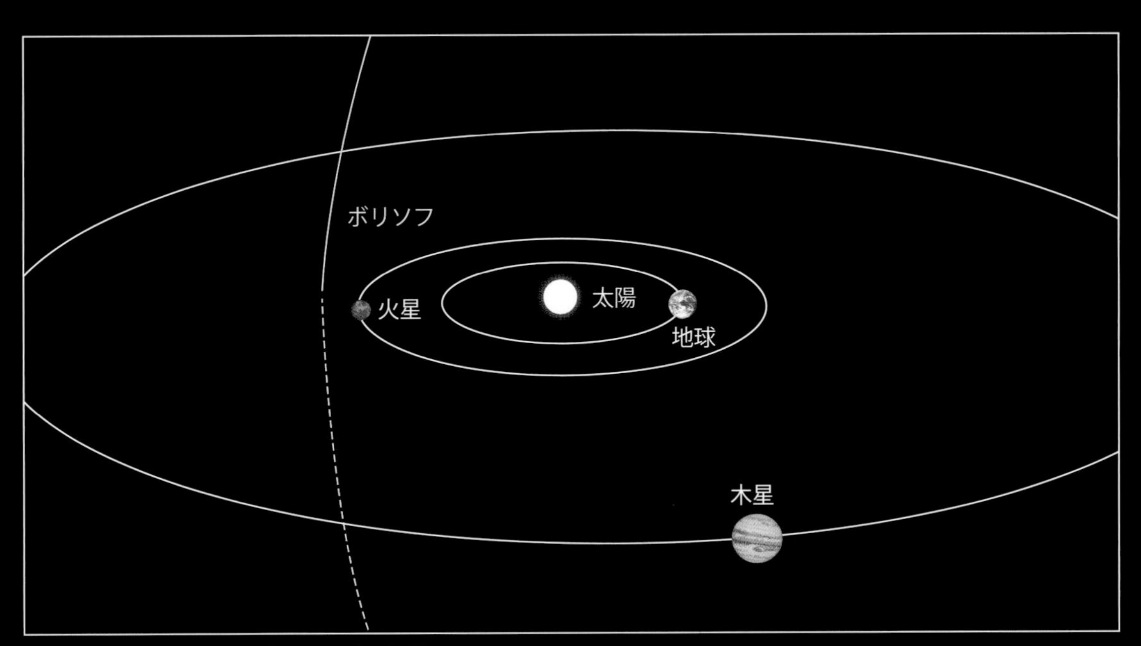

▲太陽系を横切るボリソフ[Borisov]の軌道

このオウムアムアに続き、2019年8月には、クリミアに住むアマチュア天文家ジェナディ・ボリソフが天空を高速で移動する天体を発見した。専門家らが軌道を解析した結果、ボリソフと名づけられたその物体は時速17万7000㎞で動いていたことがわかり、星間(せいかん)空間から来たものであるという結論に達した。

しかし、これら恒星間天体については、その正体はまだまだ謎(なぞ)に包まれている。今後の研究が待たれるところである。

太陽系も銀河の中を周回している。2010年10月、国立天文台は、私たちの太陽系は、天の川銀河の中心からおよそ2万6100光年の距離を240km/sの速度で周回しており、約2億年で1周していると発表した。

これは、口径20mの電波望遠鏡を水沢局（岩手県奥州市水沢区）、入来局（鹿児島県薩摩川内市入来町）、小笠原局（東京都小笠原村父島）、石垣島局（沖縄県石垣市）に設置し、それをネットワークさせて、銀河系の天体を精密に測定するというプロジェクト（VERA:VLBI Exploration of Radio Astrometry）で得られた成果だった。

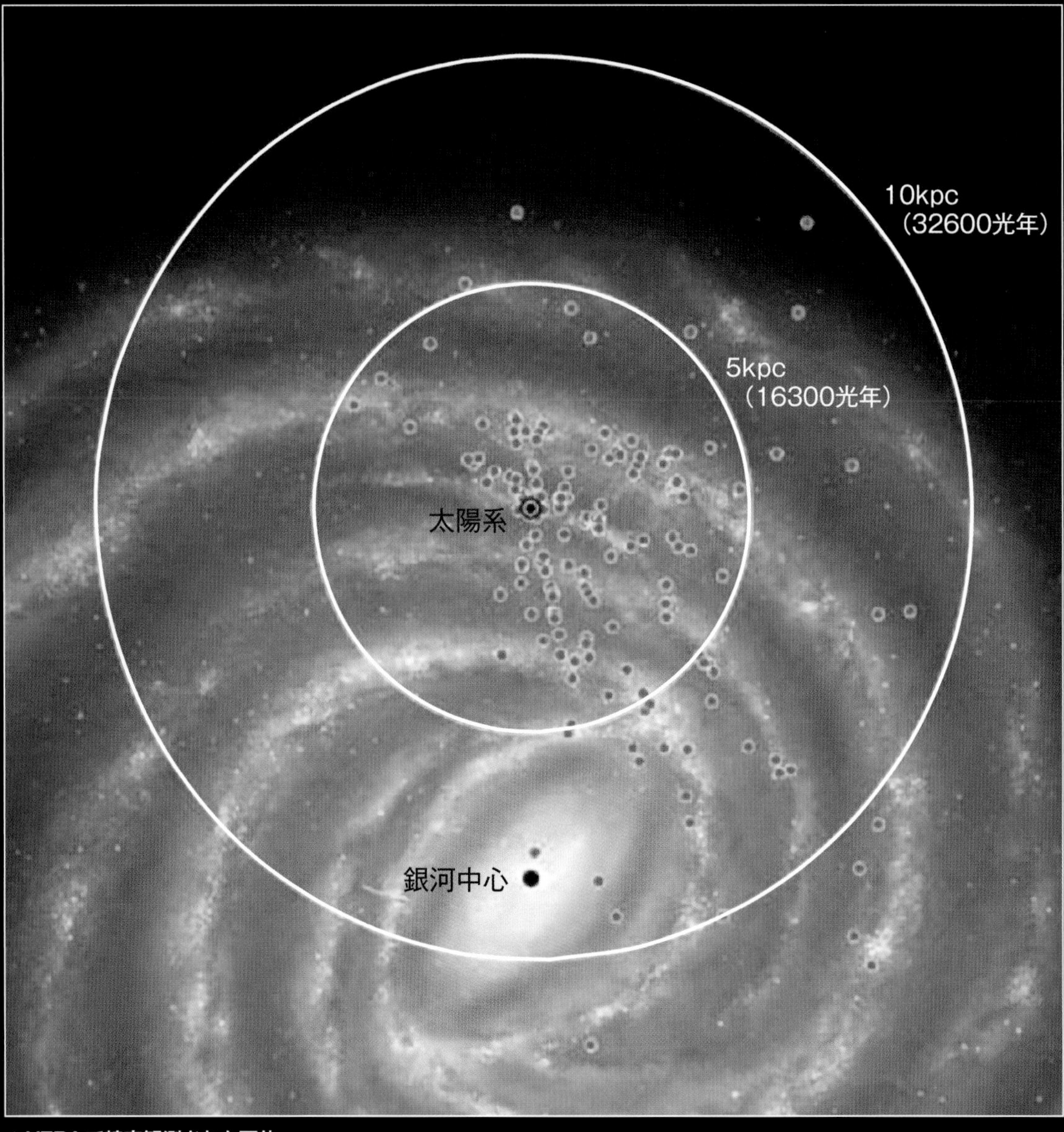

▲VERAで精密観測された天体

右図で示す黄色の矢印が、VERAで観測された天体たちが2億年をかけて銀河を周回している方向だが、1周するのに2億年かかるということは、太陽系は誕生以来、現在までに銀河を20～25周ほどしていることになる。その間、地球から見える星空も大きく変わってきたし、今後も変わっていくのだ。

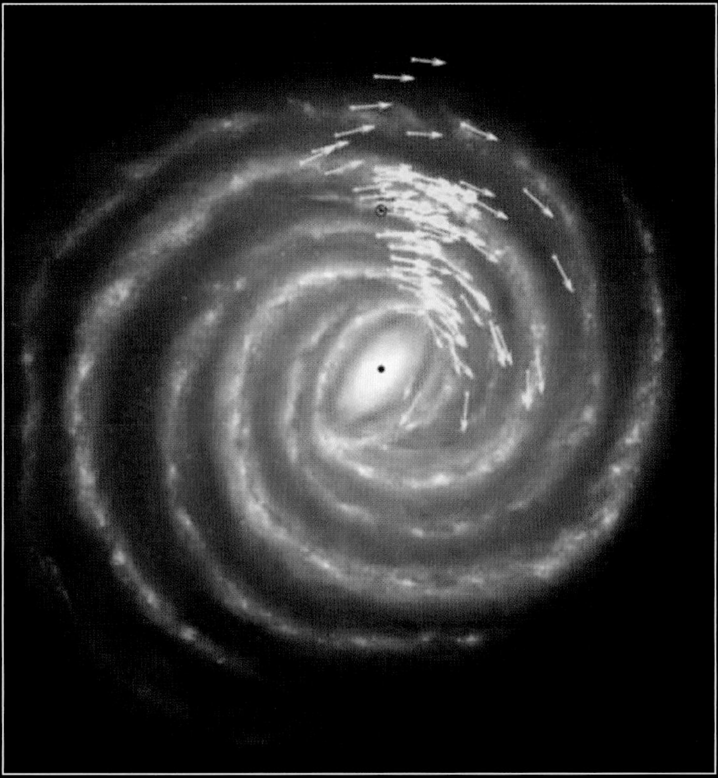

直近の2億年前といえば、地球はまだ中生代三畳紀（さんじょうき）（約2億5100万年前～約1億9960万年前）だった。クビナガリュウやアンモナイトが海を支配し、陸上にようやく恐竜（初期恐竜）が姿を現し始めた時代である。

一方、その地球に人類が姿を現したのは、わずか700万年前のことにすぎない。太陽系が銀河を1周する2億年という年数から考えると、つい昨日のことのようなものである。

そういう意味では、私たち人類が見ている星空は、2億年前にクビナガリュウが見ていた星空とほぼ同じだろう。地球は2億年をかけて、ようやく今の位置まで戻ってきたのだ。

これほど大きな天の川銀河も、宇宙の中ではごくごく小さな存在にすぎない。天の川銀河は、大マゼラン雲、小マゼラン雲など近くの銀河と「局部銀河群」をつくり、さらに、それらが集まり、「超銀河団」をつくっている。さらにそれら超銀河団は、宇宙の中に網目をつくるように分布して、「ボイド」と呼ばれる天体がほとんど存在しない空間を形づくっているが、宇宙の膨張は続いている。その中で私たちは生きているのだ。

私たちは、広大な宇宙の旅人だ。そして数々の謎（なぞ）を探究することで、なぜ、自分たちが存在しているのかを知ろうとしている。

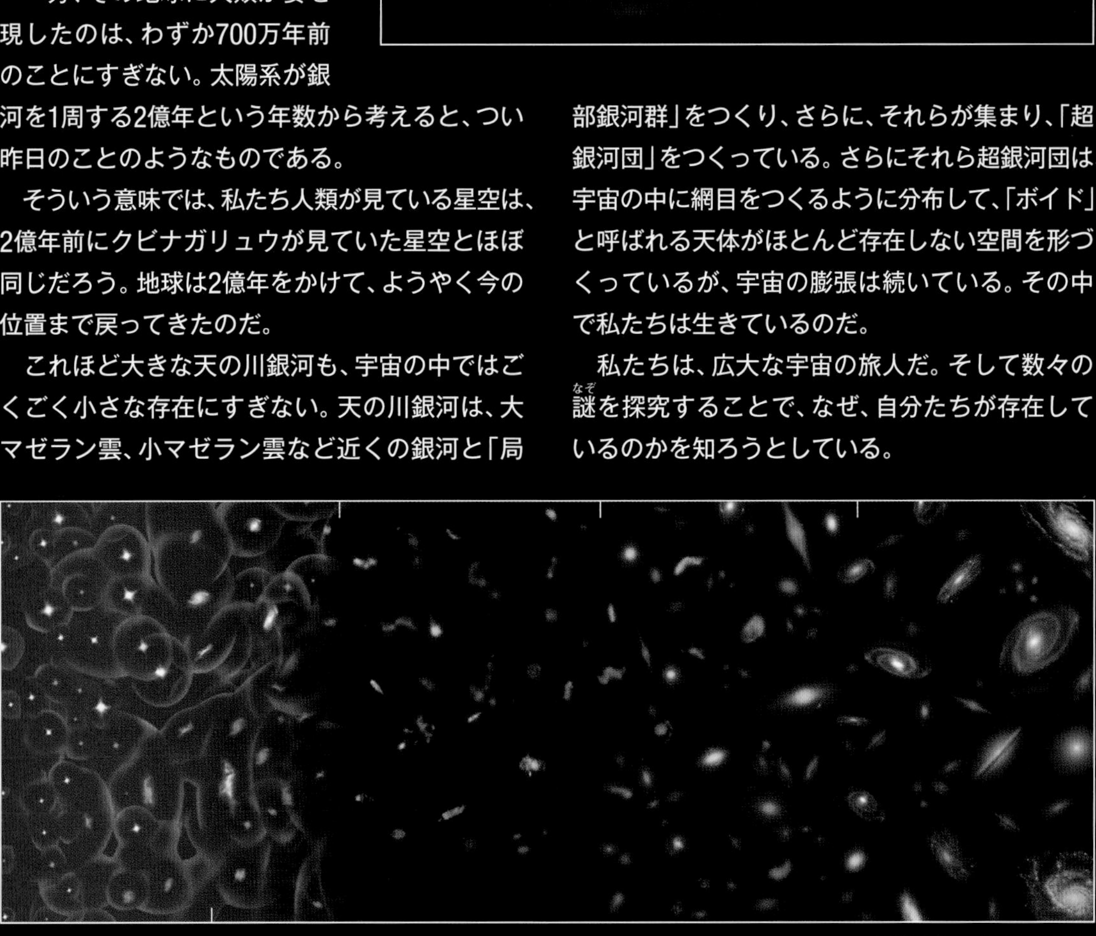

図版はすべて©国立天文台

■ 監修 ——— 竹内 薫(たけうち　かおる)

サイエンス作家。1960年、東京都生まれ。理学博士。東京大学教養学部、同理学部を卒業。カナダ・マギル大学大学院博士課程修了(高エネルギー物理学専攻)。サイエンス作家として多くの著書を出す一方、テレビなどの科学番組への出演も数多い。また、YES International Schoolを設立し、AI時代を生きる子供たちのための教育にも力を注いでいる。近著に、『わが子をAIの奴隷にしないために』(新潮新書)、『「ファインマン物理学」を読む 普及版 量子力学と相対性理論を中心として』(ブルーバックス)など多数。

■ 編者 ——— 『GEOペディア』制作委員会

■ 編集・制作協力 ——— 青木寿史　東京家政大学非常勤講師

ザ・ライトスタッフオフィス(河野浩一／岸川貴文／小林雅野)

コトノハ(櫻井健司)

■ デザイン・DTP ——— Creative・SANO・Japan(大野鶴子／水馬和華／中丸夏樹)

■ 定価 ——— カバーに表示します。

GEO PEDIA ペディア

最新
宇宙の
謎に迫る
天文学最前線

2020年6月25日　初版発行

発行者　野村久一郎

発行所　株式会社 清水書院

〒102-0072　東京都千代田区飯田橋3-11-6

電話：(03)5213-7151

振替口座　00130-3-5283

印刷所　株式会社 三秀舎

©「GEOペディア」制作委員会 2020

●落丁・乱丁本はお取替えします。本書の無断複写は著作権法上での例外を除き禁じられています。複写される場合は、そのつど事前に、(社)出版社著作権管理機構(電話 03-5244-5088、FAX 03-5244-5089、e-mail：info@jcopy.or.jp)の許諾を得てください。

Printed in Japan　ISBN978-4-389-50119-8

宇宙の
謎に迫る
天文学最前線
Wonders of the Universe
uncovering the secrets of the universe
GEO
PEDIA